精致的钩针蕾丝台布
从入门到精通

日本E&G创意　编著　刘晓冉　译

河南科学技术出版社
·郑州·

目录

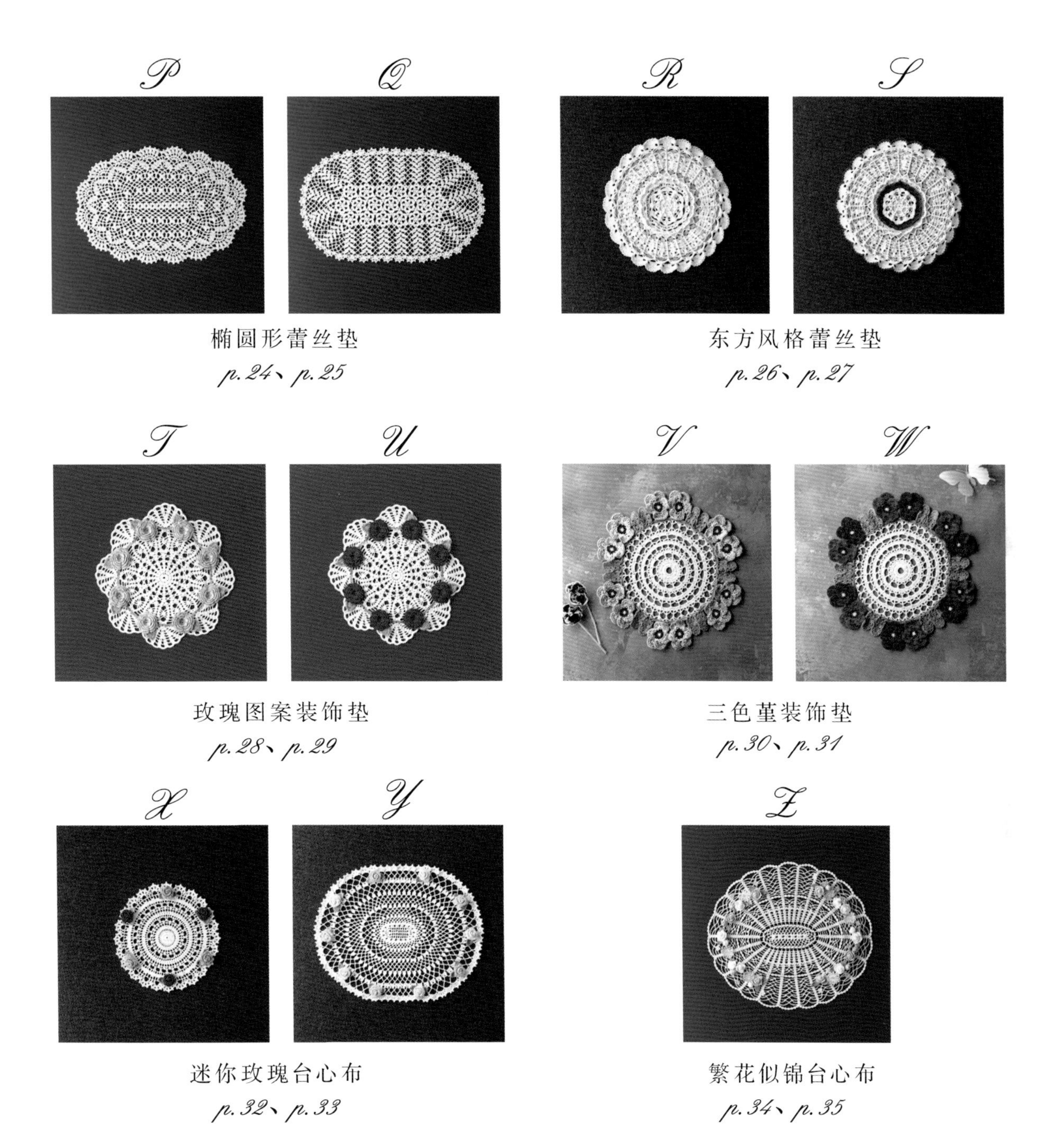

※ 在重点教程中，为了更加清晰易懂，更换了线的粗细与颜色后制作了图片过程讲解

※ 因为是印刷品，所以线的颜色与标注的色号可能存在色差

菠萝花台心布

设计和制作 … 河合真弓
尺寸 … 直径 21cm
线 … 奥林巴斯 Emmy Grande
制作方法 … p.41

A

这款台心布尺寸小巧，即使是新手也易于挑战。
在上面放上首饰或小物，
就能呈现出像杂货店一样的氛围感。

菠萝花台布

设计和制作 … 北尾蕾丝・联合会（冈野沙织）
尺寸 … 直径 27.5cm
线 … DMC Cébélia 10 号
制作方法 … p.42

传统的菠萝花样
与边缘的贝壳花样都十分可爱。
这款作品使用的是 10 号线，
所以也推荐新手尝试。

B

爆米花针蕾丝垫

设计和制作 … 河合真弓
尺寸 … 直径 22cm
线 … 奥林巴斯 Emmy Grande〈Herbs〉
制作方法 … p.43

C

装饰在边缘的
凹凸有致的爆米花针让人印象深刻。
用原白色线编织，
洋溢着古典优雅的气息。

D

连续编织长针，
做出小花花样。
这款蕾丝垫设计简洁，
适合各种风格的房间。

绽放的花朵蕾丝垫

设计和制作 … 芹泽圭子
尺寸 … 直径 28cm
线 … 奥林巴斯 Emmy Grande
制作方法 … p.44

这是一款形状非常少见的台心布，
从中途分别编织两个半圆，制作出高低差，
呈现出像螺旋花样的感觉。
因为是从一侧的边缘开始
继续编织另一个半圆的，
所以无须剪线，
这一点很让人开心。

E

设计简练而时尚，
适合氛围优雅的房间。

螺旋花样台心布

设计和制作 ··· 芹泽圭子
尺寸 ··· 约48cm×30cm
线 ··· DARUMA 蕾丝线# 30 葵
制作方法 ··· p.46

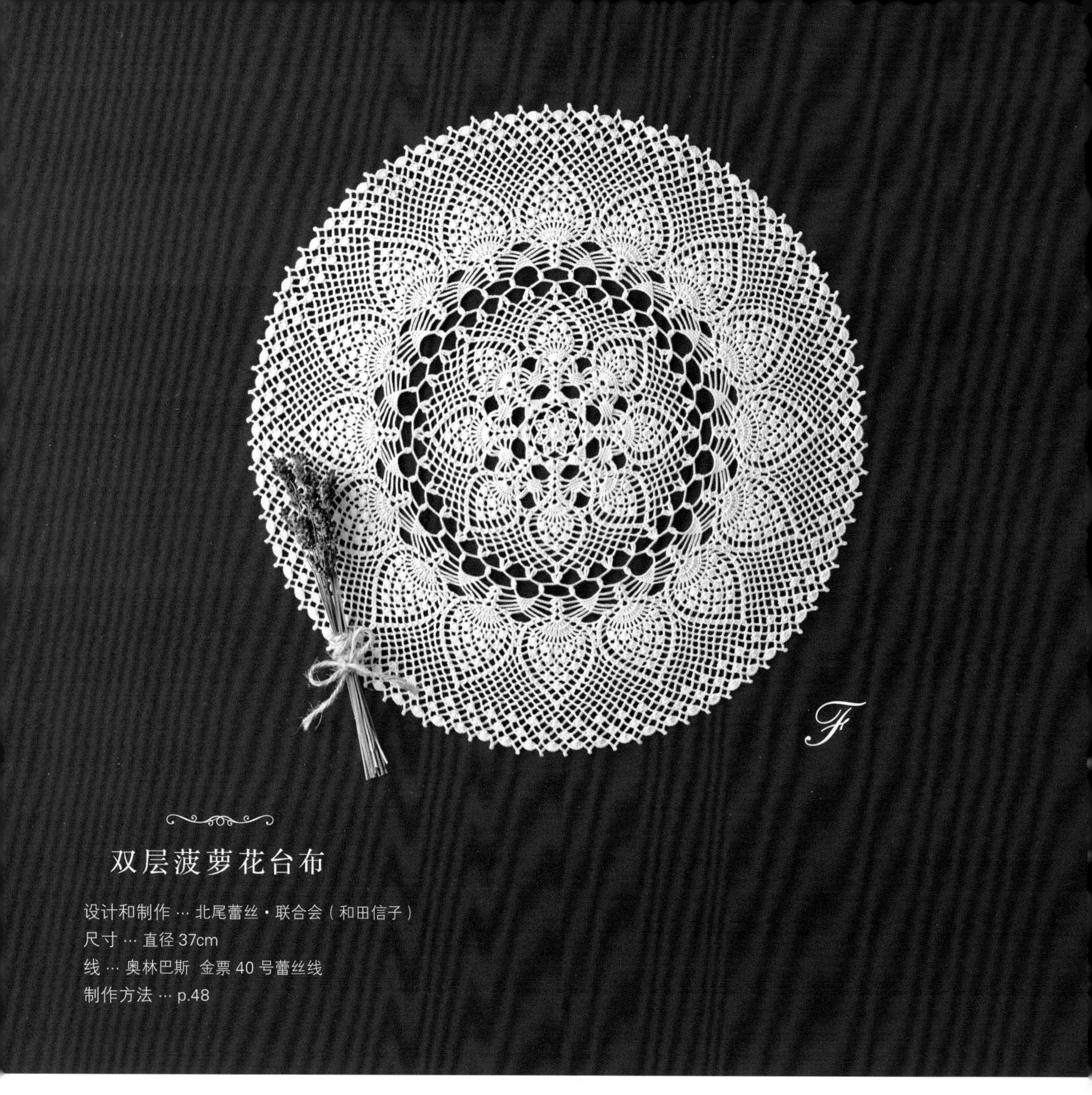

双层菠萝花台布

设计和制作 … 北尾蕾丝・联合会（和田信子）
尺寸 … 直径 37cm
线 … 奥林巴斯　金票 40 号蕾丝线
制作方法 … p.48

这款用金票 40 号蕾丝线
编织而成的菠萝花台布，
蕾丝爱好者一定会喜欢得不得了。
无论是漂亮地排列在一起的菠萝花
还是大胆的镂空花样，都十分精美。

三层菠萝花台布

设计和制作 … 芹泽圭子
尺寸 … 直径 52cm
线 … 奥林巴斯 金票 40 号蕾丝线
制作方法 … p.50

这款台布拥有三层菠萝花，
让人想要慢慢悠悠、轻轻松松地编织下去。
百看不厌的设计，适合各种风格的房间。

G

黑与白经典装饰垫

设计和制作 … 北尾蕾丝・联合会（深泽昌子）
尺寸 … 直径 31cm
线 … DMC Cébélia 10 号
制作方法 … p.45
重点教程 … p.37

经典款的装饰垫，
用黑色线编织尽显高级感。
爆米花针和狗牙针的优美结合
充满了魅力。

H

可以盖在收纳缝纫工具的盒子上装饰，
也可以直接装入相框作为装饰。
米白色或者黑色，试着编织出你喜欢的那个吧。

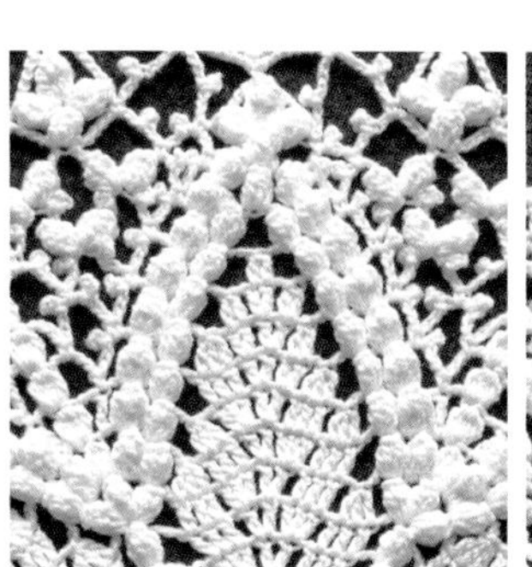

外围编织了双层褶边，
做成了有分量感的立体褶边蕾丝垫。
华丽的设计瞬间引人注目。

立体褶边蕾丝垫

设计和制作 … 北尾蕾丝・联合会（下村依公子）
尺寸 … 直径 28cm
线 … DMC Cébélia 10 号
制作方法 … p.52
重点教程 … p.37

可爱的褶边，
将插花衬托得更加美丽。

金银丝褶边台布

设计和制作 … 北尾蕾丝・联合会（西胁美纱）
尺寸 … 直径 36.5cm
线 … DARUMA 蕾丝线# 30 葵、金银蕾丝线# 30
制作方法 … p.54
重点教程 … p.37

金银蕾丝线
在钩针编织的蕾丝作品中十分少见，
边缘的贝壳花样则是略带褶边的设计。
中间像花一样的织片，
和用金银线编织的看似随意的小花，都非常可爱。

K

单单摆在那里就很可爱，
如果能让边缘垂下来的话就会显得更精美。

L

手捧花束的少女装饰垫

设计和制作 … 北尾蕾丝・联合会（主代香织）
尺寸 … 28cm×27cm
线 … 奥林巴斯 金票 40 号蕾丝线
制作方法 … p.56

用方眼针呈现出手捧花束的少女轮廓。
加入了新艺术运动（Art Nouveau）风格的装饰线，更加彰显浪漫。
这是一幅让人想要直接装入相框做成装饰的作品。

葡萄图案装饰垫

设计和制作 … 北尾蕾丝 · 联合会（铃木久美）
尺寸 … 28cm×29cm
线 … 奥林巴斯 金票 40 号蕾丝线
制作方法 … p.58
重点教程 … p.38

这款桌垫用方眼针编织出了 2 串葡萄。
大大的叶子和长长的藤蔓勾勒出葡萄的鲜嫩欲滴。
可以用作水果篮的盖布，一定要试试看。

M

小鸟图案装饰垫

设计和制作 … 北尾蕾丝・联合会（铃木圣羽）
尺寸 … 直径 50cm
线 … DMC Cébélia 30 号
制作方法 … p.60

这幅作品用方眼针勾勒出停在枝头的小鸟，边缘做成了锯齿状，因此不会显得过于甜美，给人留下洒脱的印象。

N

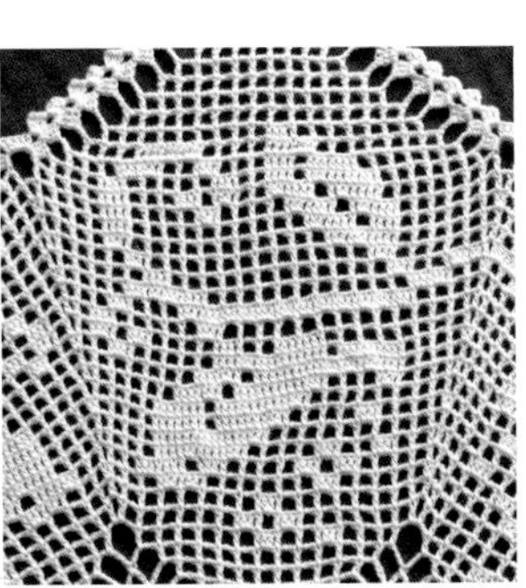

与蕾丝垫中的小鸟一起，
度过一段悠闲的时光吧。

玫瑰与爱心蕾丝台布

设计和制作 … 北尾蕾丝・联合会（齐藤惠子）
尺寸 … 直径 57cm
线 … DMC Cébélia 30 号
制作方法 … p.62
重点教程 … p.38

用方眼针和编织花样钩织出玫瑰与爱心图案，
呈现出这幅既典雅又充满少女感的作品。
用细线编织大尺寸的台布，
完成的瞬间，成就感倍增。

O

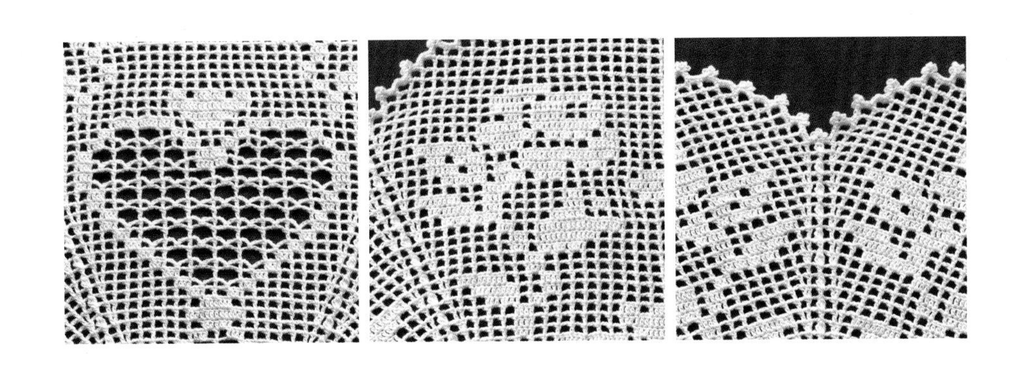

经过一番努力编织好的蕾丝台布，
会想要一直珍惜地使用下去。

椭圆形蕾丝垫

设计和制作 … 芹泽圭子
尺寸 … 26cm×37cm
线 … 奥林巴斯 Emmy Grande
制作方法 … p.64
重点教程 … p.38

这是一款用易于挑战的粗线编织成的椭圆形蕾丝垫。
还有仿佛随意撒上的小花，它的可爱让人过目难忘。

P

设计和制作 … 芹泽圭子
尺寸 … 23cm×40cm
线 … DARUMA 蕾丝线 #30 葵
制作方法 … p.66
重点教程 … p.38

Q

这幅作品是从花片的拼接开始钩织的，
像叶子一样的织片不断重复，让这款蕾丝垫看起来非常整齐。

这款椭圆形的蕾丝垫可以铺在矮柜或书架等位置，适用范围非常广泛。

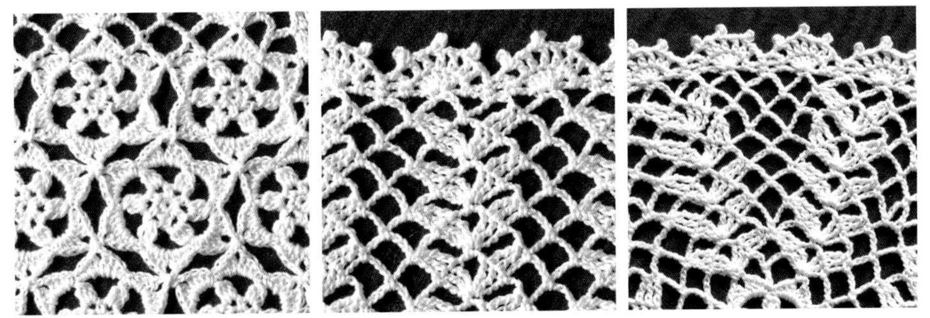

R

这款灵活运用拉针编织而成的蕾丝垫，
重叠的织片非常精美。
白色系和蓝色系，你喜欢哪个呢？

S

东方风格蕾丝垫

设计和制作 … 北尾蕾丝・联合会（高桥万百合）
尺寸 … 直径 25.5cm
线 … 奥林巴斯 Emmy Grande、Emmy Grande〈Colors〉、Emmy Grande〈Herbs〉
制作方法 … p.55
重点教程 … p.39

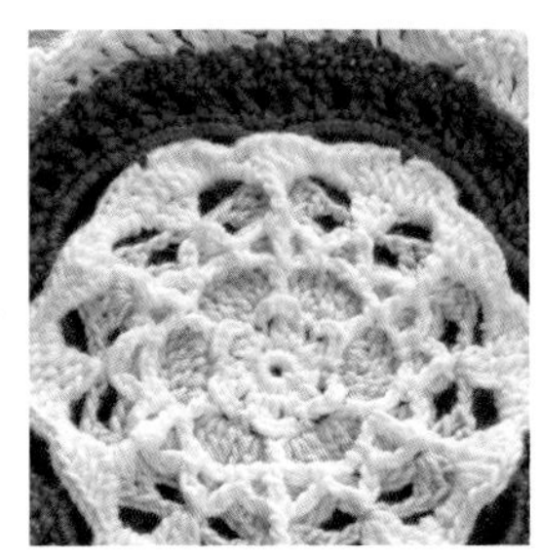
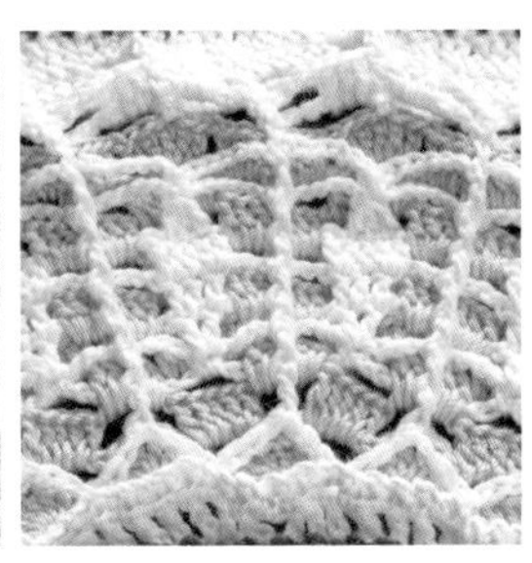
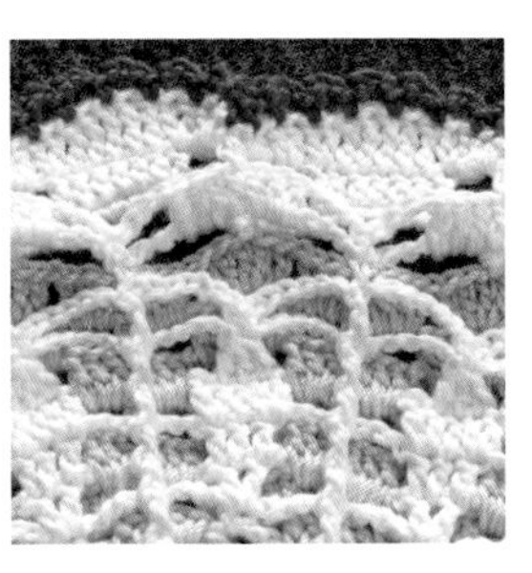

有厚度的蕾丝垫最适合作为多用盖布使用。
大胆尝试用单色编织，并让织片的阴影更明显，也会很好看。

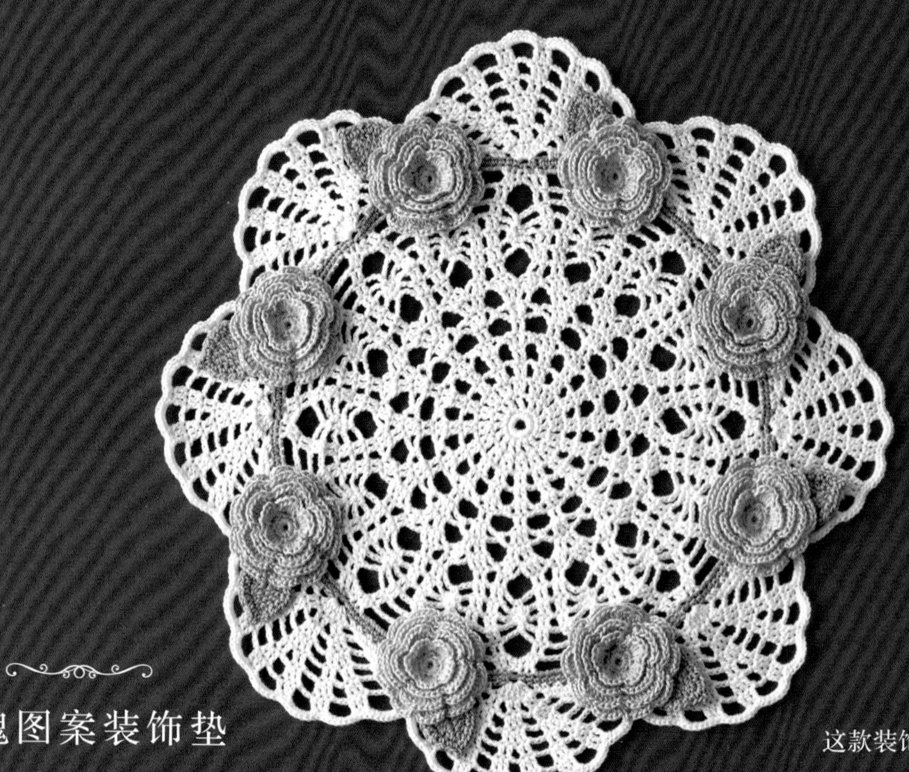

T

玫瑰图案装饰垫

设计和制作 … 松本薰
尺寸 … 直径 28cm
线 … DMC Cébélia 10 号
制作方法 … p.68

这款装饰垫搭配了爱尔兰蕾丝风格的玫瑰，
尽显浪漫。
粉色系可爱，酒红色典雅，
改变花的配色，
给人的感觉也随之改变。

U

下午茶时间有了它的加入，
餐桌顿时华丽变身。

三色堇装饰垫

设计和制作 … 松本薰
尺寸 … 直径 27cm
线 … DMC Cébélia 10 号
制作方法 … p.69
重点教程 … p.39

颜色淡雅的三色堇和黄绿色的叶子交相辉映。
作为装饰垫的话能让房间更加多彩。

V

这幅美丽的作品再现了三色堇特有的浓郁颜色。
即使放在深色家具上也会相得益彰。

W

设计和制作 … 松本薰
尺寸 … 直径 27cm
线 … DMC Cébélia 10 号
制作方法 … p.69
重点课程 … p.39

迷你玫瑰台心布

设计和制作 … 北尾蕾丝・联合会（波崎典子）
尺寸 … 直径 21cm
线 … DMC Cébélia 10 号
制作方法 … p.71

这款小巧的台心布边缘
装饰了迷你玫瑰，
放上小花瓶或香水瓶，
会让房间一角洋溢着少女气息。

x

设计和制作 … 北尾蕾丝・联合会（波崎典子）
尺寸 … 26cm×34cm
线 … DMC Cébélia 10 号
制作方法 … p.72

y

铺上点缀了迷你玫瑰的台心布，
房间也变得温馨起来。

繁花似锦台心布

设计和制作 … 北尾蕾丝・联合会（中岛美贵子）
尺寸 … 32cm×37cm
线 … DMC Cébélia 10 号
制作方法 … p.74

Z

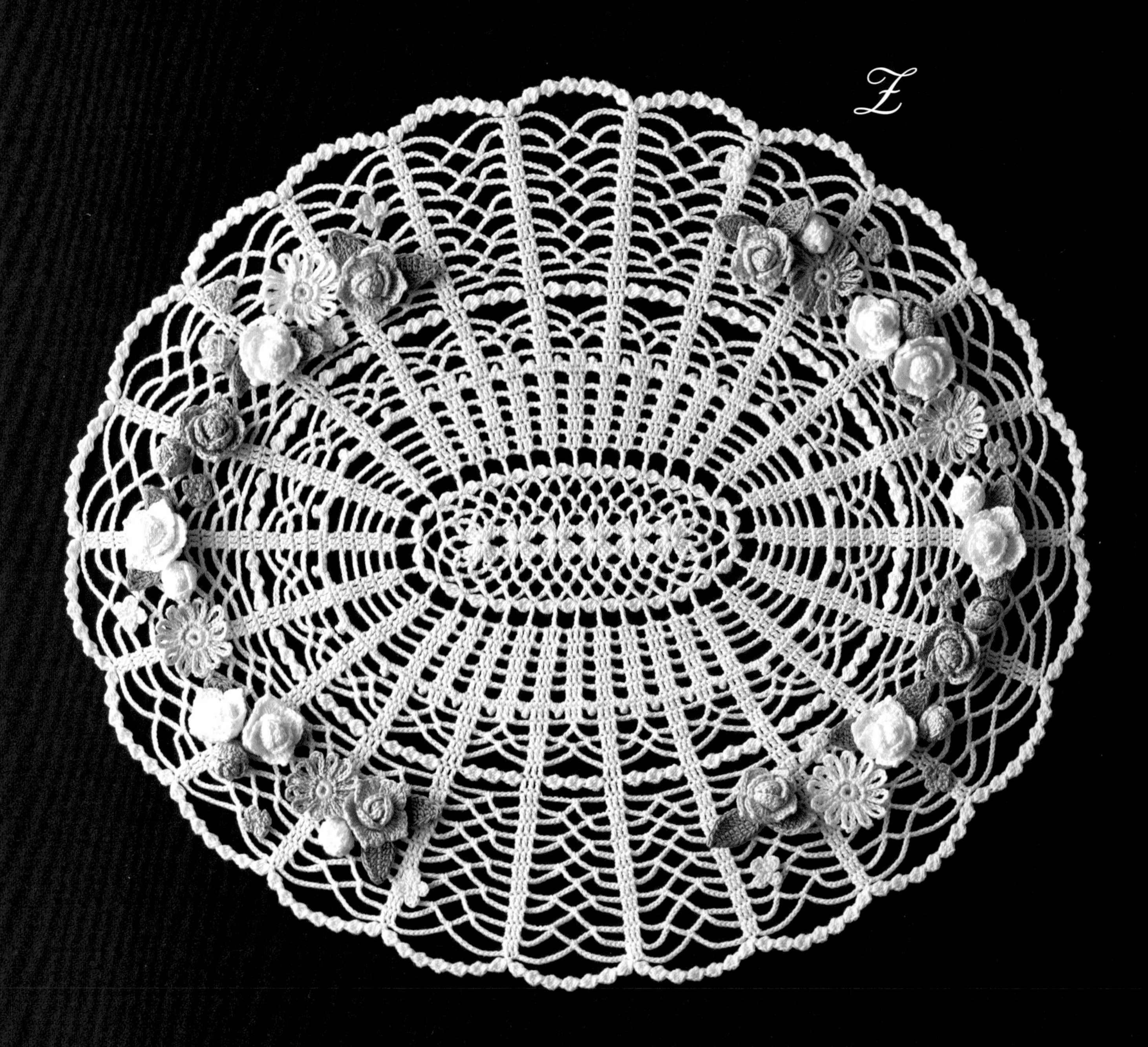

这款台心布宛如一块花田，
迷你玫瑰、花蕾、雏菊、小花、叶子散布在两侧。
像珍珠一样排列在一起的枣形针增添了它的可爱。

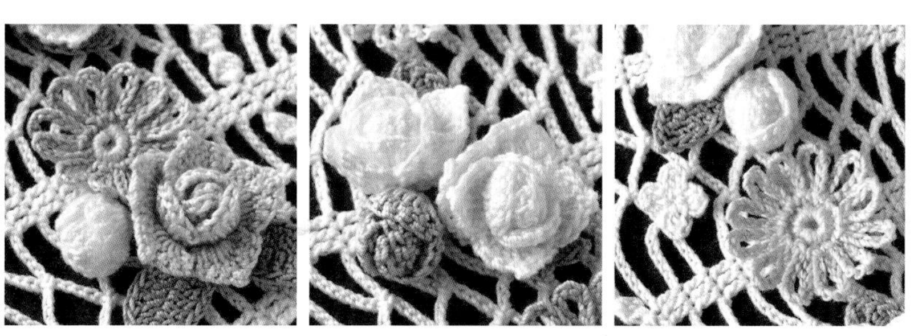

缤纷的花朵
让这款台心布
尽显华美，
放上蜡烛或可爱的小物，
便会成为室内装饰的主角。

基础技巧 全书通用

长针的方眼针的挑针方法

· 前 1 行为正面时

1 在方眼针中，挑起前一行的长针的顶部钩织长针时，如 a 中箭头所示，需要挑起顶部的 2 根横线和里山，共计 3 根线进行钩织。b 是钩织好的样子。这样钩织，可以避免斜向的变形。

· 前 1 行为背面时

2 看着背面钩织时，与正面相同，如 a 中箭头所示，需要挑起顶部的 2 根横线和里山，共计 3 根线进行钩织。b 是钩织好的样子。

3 作品O的织片。这个编织方法虽然能避免斜向的变形，织片却有点厚。所以，用长针填充的部分，除了两端以外的针目（ 符号部分），如果介意厚度，可以只挑起 2 根横线钩织（这时，长针的高度可能会有差异，钩织时请多加留意）。

编织终点的收尾方法

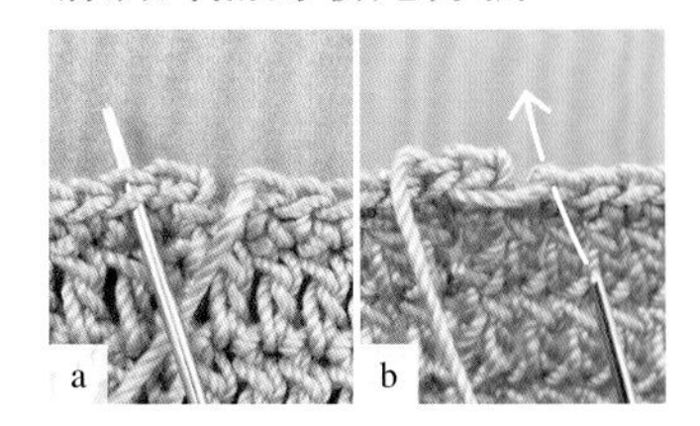

1 钩织到最后 1 针时，留出 20cm 后将线剪断。将线穿入手缝针，穿入第 2 针（a），再如 b 中箭头所示穿入最后 1 针。

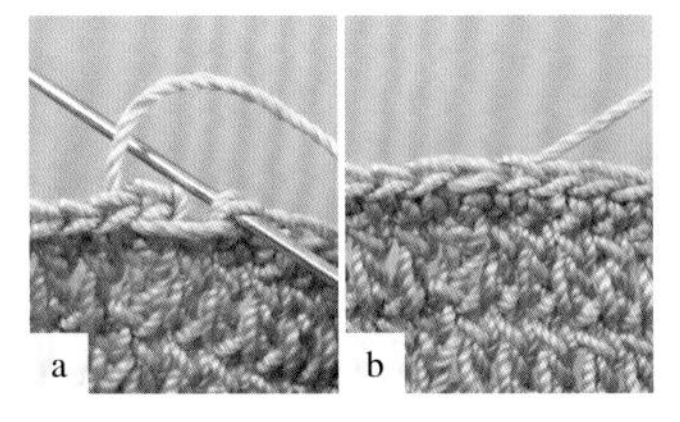

2 a 是穿过去的样子。拉线，让针目的大小和第 1 针短针相同（b）。这样，就盖住最后 1 行的第 1 针制作了针目，将最后 1 针与第 1 针连接在了一起。

3 翻至背面，挑起最后 1 行针目的里山，穿线，将线头收尾。

· 网眼针时

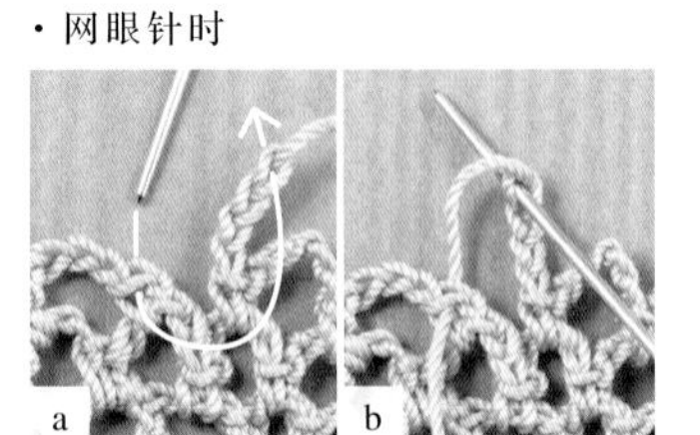

1 如果是网眼针，将最后 1 个网眼少钩织 1 针（如果 1 个网眼 5 针，就钩织到第 4 针），留出 20cm 后将线剪断。将线穿入手缝针，按照最后 1 行的第 1 针→最后 1 个网眼的第 4 针的顺序，如 a 中箭头所示入针。b 为入针后的样子。

2 拉线，制作最后 1 个网眼的最后的锁针（a）。翻至背面，挑起最后 1 行的针目的里山，穿线，将线头收尾（b）。

蕾丝垫的整理方法

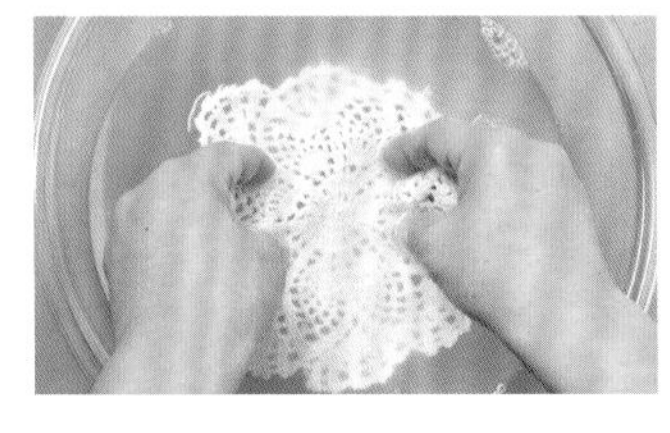

1 在盆中加入水，充分溶解洗涤剂。将织片放入水中，用手轻揉，去除钩织时沾上的污渍，换清水漂洗干净。

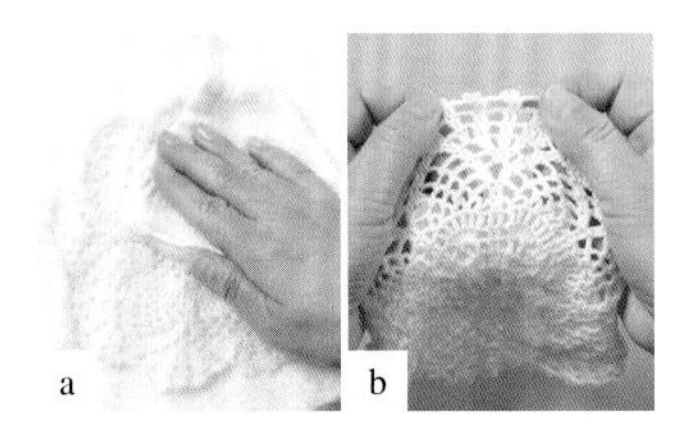

2 将织片放在干毛巾上，用毛巾的一个角轻轻按压，吸走水分至半干（a）。这时，如果有针目变形的话，需要用手拉伸织片进行调整（b）。

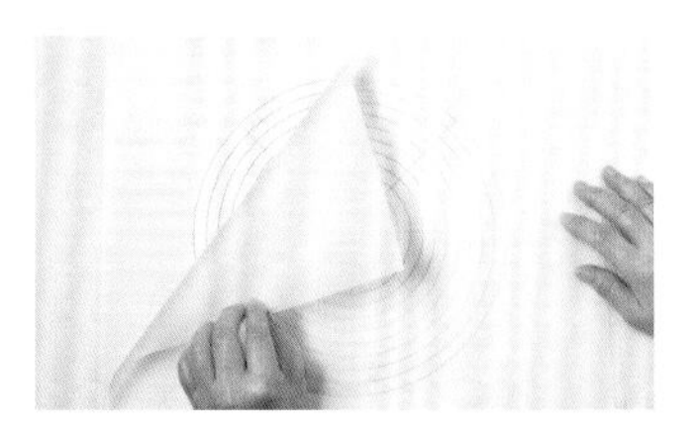

3 在画有织片完成尺寸的纸上，重叠一层描图纸。

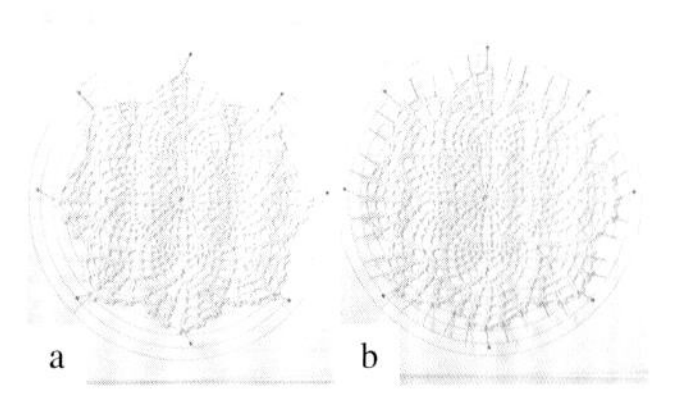

4 将作品放在步骤 3 中的描图纸上，用珠针固定（a）。再在 a 的珠针之间，再用珠针固定一圈（b）。如果织片较大，最好按照中心、外层、边缘分段固定。

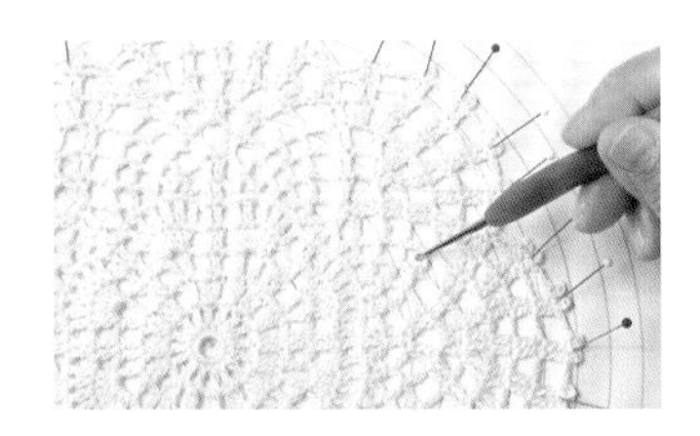

5 在这里，进行织片的最终调整。需要仔细地确认针目，如果网眼针等有变形的地方，用蕾丝针或手缝针活动针目进行调整。

6 悬放熨斗，用蒸汽熨烫整个蕾丝垫。

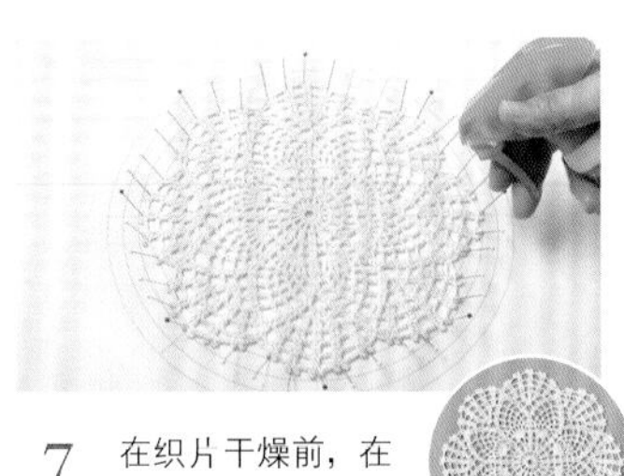

7 在织片干燥前，在表面喷上胶水。织片完全晾干后，取下珠针，完成。

8 收纳蕾丝垫时，可以附上一张薄纸，卷在保鲜膜的芯上，这样就不会破坏形状，能完美地保存起来了。

重点教程 编织方法的重点教程

※ 为了清晰易懂，更换了线的颜色和粗细进行讲解

H、*I* 图片 p.12、p.13 制作方法 p.45

枣形针的拉紧方法

※ 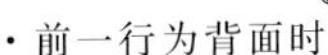 符号中拉紧的锁针 = ○

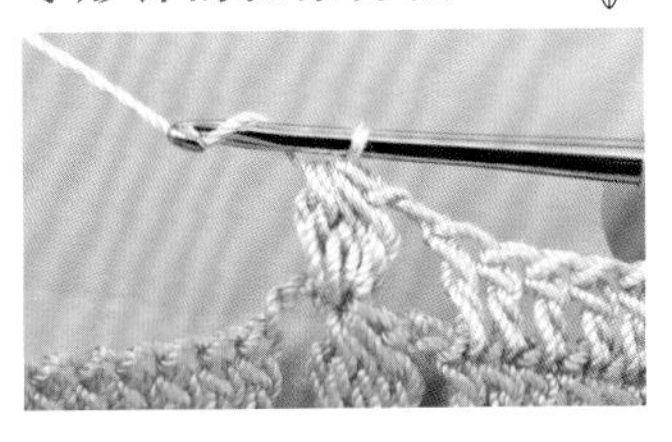

1 参照 p.78，钩织完 3 针长针的枣形针后，钩织 1 针锁针。

2 拉紧在步骤 1 中钩织好的锁针。拉紧的锁针能使枣形针更稳定。

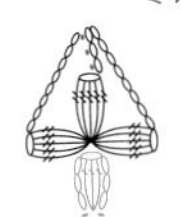 的编织方法

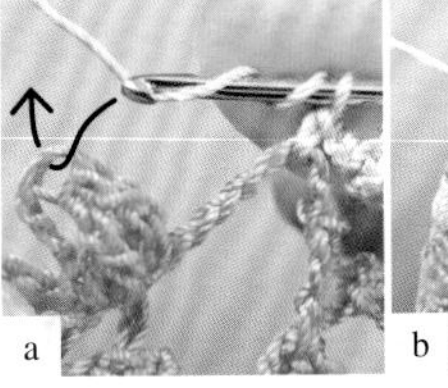

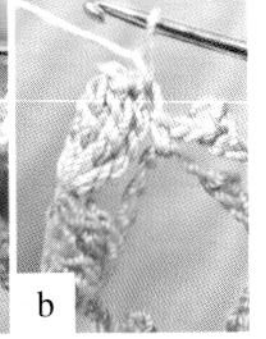

1 前一行为 3 针长长针的爆米花针，在拉紧的锁针上，如 a 中箭头所示入针，钩织 5 针长长针的爆米花针。b 为钩织好的样子。

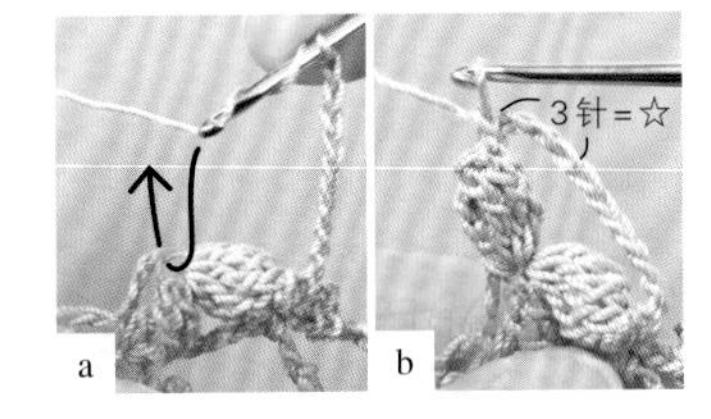

2 钩织 11 针锁针，在步骤 1 中的同一针上，如 a 中箭头所示入针，钩织 5 针长长针的爆米花针。b 为钩织好的样子。

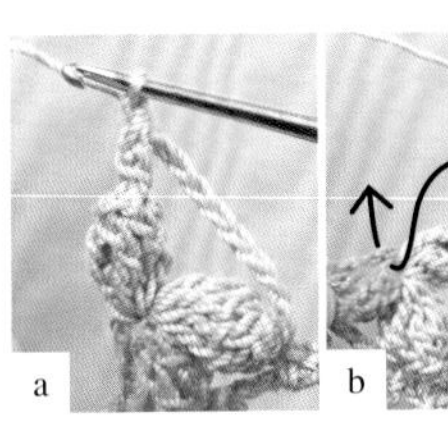

3 在步骤 2 的☆（3 针）上钩织引拔针（a）。继续钩织 8 针锁针，在步骤 1 的同一针上，如 b 中箭头所示入针，钩织 5 针长长针的爆米花针。

4 钩织好 5 针长长针的爆米花针后，在前一行的指定位置钩织短针。图片为钩织好的样子。

· 前一行的 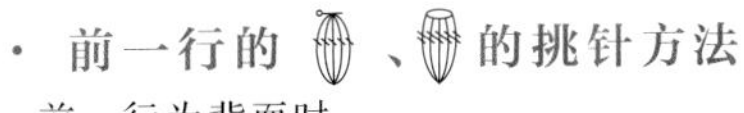 的挑针方法

· 前一行为背面时

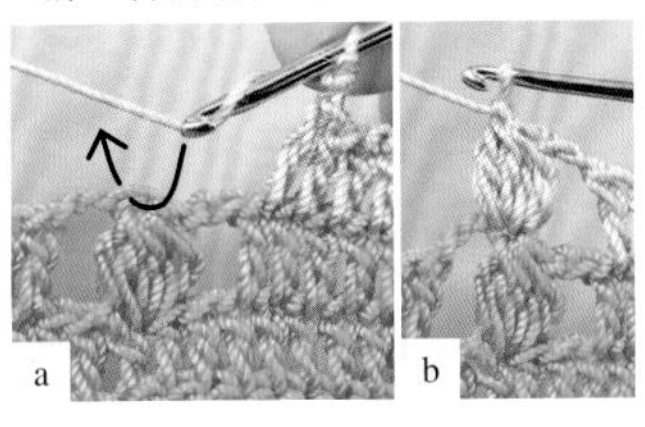

1 在拉紧枣形针的锁针时，如 a 中箭头所示入针，钩织指定的针目。b 为钩织好的样子。

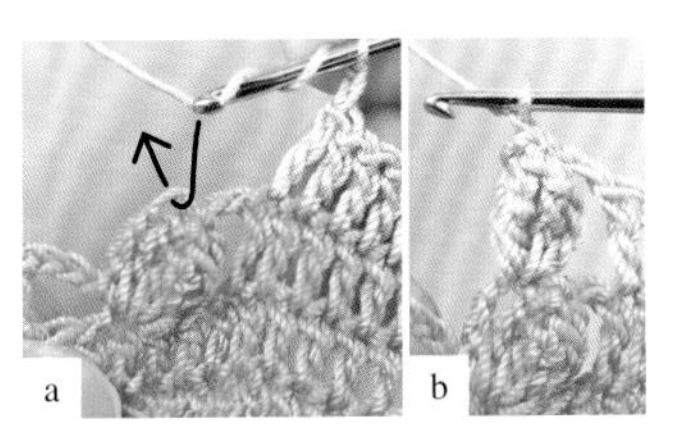

2 在拉紧爆米花针的锁针时，如 a 中箭头所示入针，钩织指定的针目。b 为钩织好的样子。

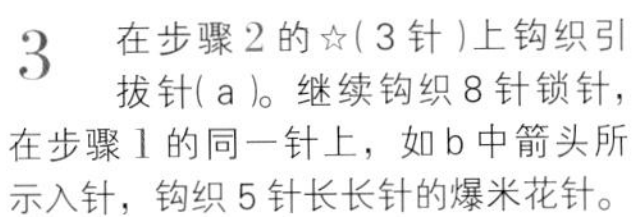

K 图片 p.16、p.17 制作方法 p.54

 的编织方法

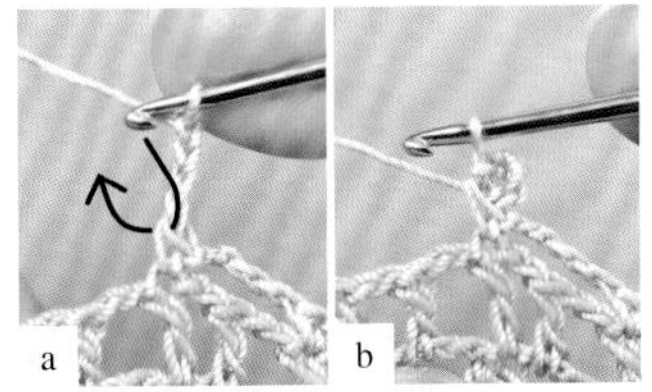

1 钩织 1 针短针、"4 针锁针、按照与'3 针锁针的狗牙拉针'（参照 p.78）相同的要领，如 a 中箭头所示，挑起短针头部的半针和根部的 1 根线钩织引拔针。" b 为钩织好的样子。

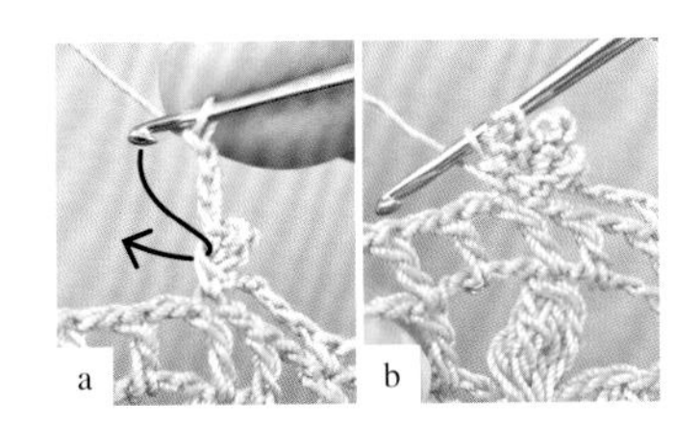

2 用相同的方法，将步骤 1 的引号内的内容重复钩织 2 次（引拔针每次都如 a 中箭头所示，按照与步骤 1 相同的方法，挑起短针头部的半针和根部 1 根线进行钩织）。b 为钩织好的样子。

第 29 行的编织方法

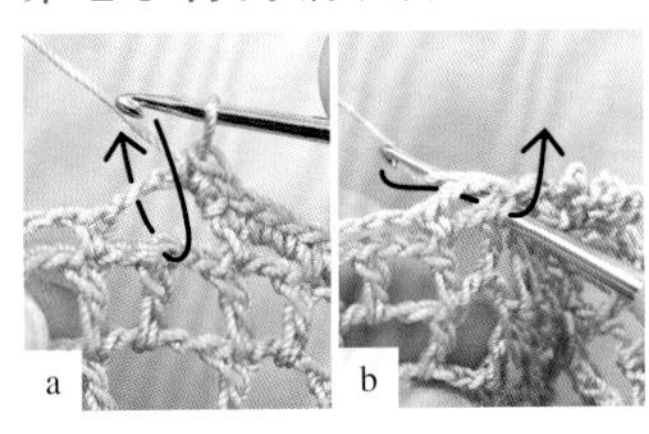

1 指定的短针（X），需如 a 中箭头所示，成束挑起前面第 2 行的头部和前一行锁针进行钩织。b 为入针后的样子。

2 短针钩织好的样子。

J 图片 p.15 制作方法 p.52

褶边的编织方法

1 第 19 行，钩织在长针上的短针，如 a 中箭头所示，只挑起长针的后面半针，钩织短针的条纹针（参照 p.78）。b 为钩织好的样子。

2 多个花样钩织好了的样子。在前一行的锁针上钩织短针时，成束挑起进行钩织。

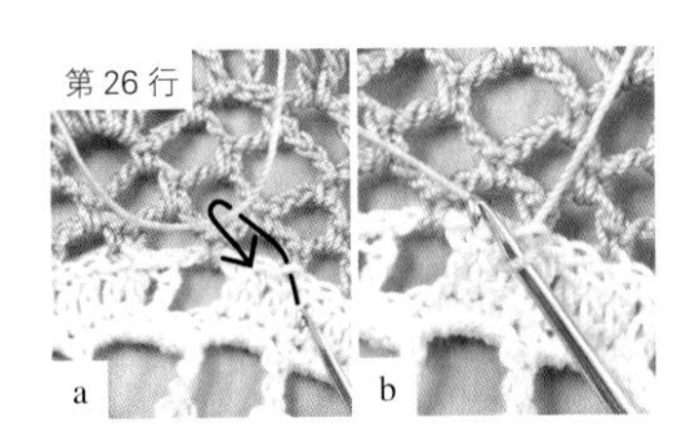

3 第 26 行，在第 18 行指定的位置上，如 a 中箭头所示入针，加线（b）。

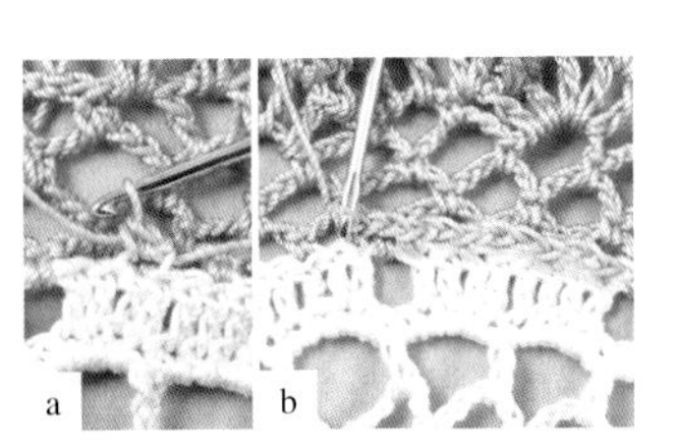

4 在第 18 行剩余的前面半针上，钩织好短针后的样子（a）。b 为多个花样钩织好了的样子。织片可以分为 2 片进行钩织。

M 图片 p.19 制作方法 p.58

第 2 行的加针方法

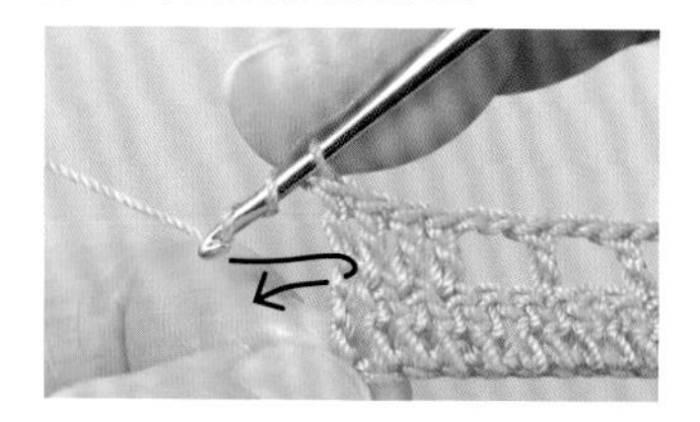

1 在针上挂 2 次线，如箭头所示，在立起的第 3 针锁针处入针，钩织长长针。

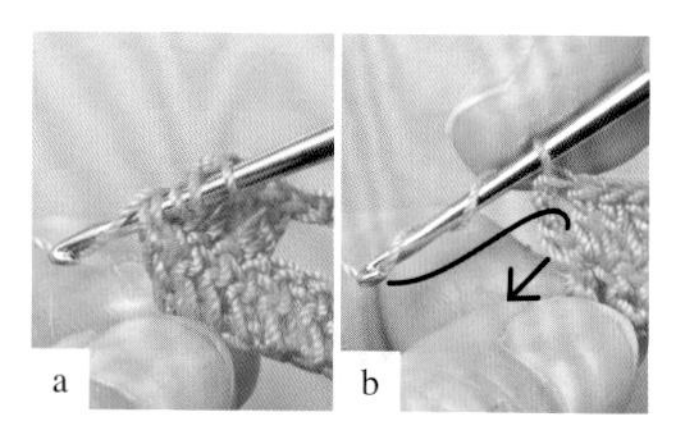

2 入针后的样子(a)。b 为长长针钩织好了的样子。继续"在针上挂 2 次线，如箭头所示，挑起长长针的根部 2 根线，钩织长长针。"

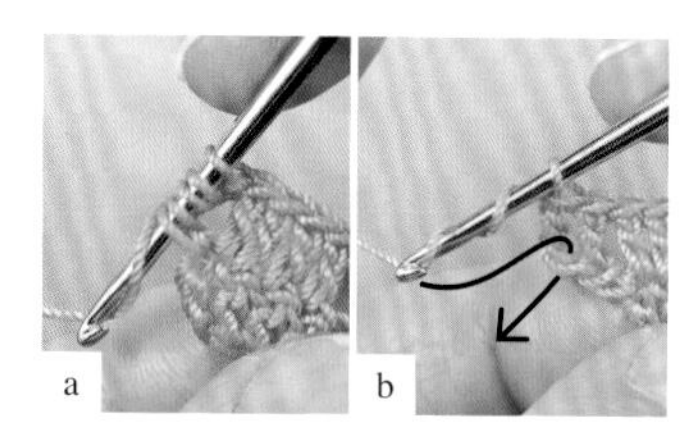

3 入针后的样子(a)。b 为长长针钩织好了的样子。按照步骤 2 的引号中的方法重复钩织，加针至指定数目。

4 加针至指定数目的样子。为了不让长长针的根部松散，最好用左手用力绷紧，一边用右手中指压住挂在针上 2 次的线一边钩织。

O 图片 p.22、p.23 制作方法 p.62

长针的正拉针的编织方法

1 在针上挂线，如箭头所示，将前一行的枣形针头部全部挑起来。

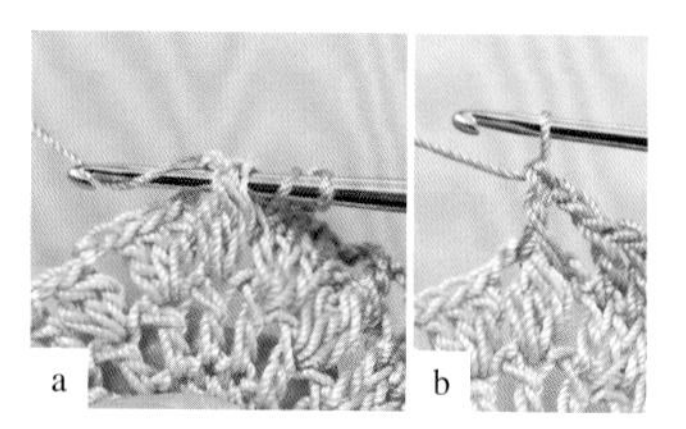

2 a 为入针后的样子。b 为长针的正拉针钩织好了的样子。

第 76、78 行的渡线方法

1 将第 75 行编织到最后，暂时将针从针目中取出，用手将线圈扩大，穿过线团。线团穿出后拉线，拉紧线圈。右上图片是线团穿过去后的样子。

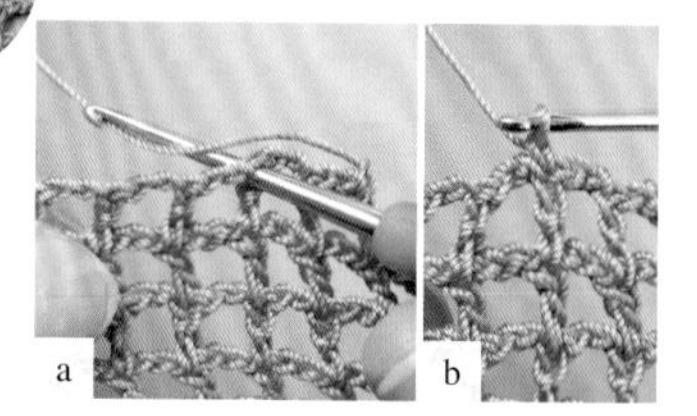

2 在指定的位置入针(a)，在针上挂线后拉出，钩织引拔针。b 为引拔针钩织好了的样子。渡过去的线在钩织边缘编织时，和锁针一起被包裹起来。

P 图片 p.24 制作方法 p.64

第 1 行的编织方法

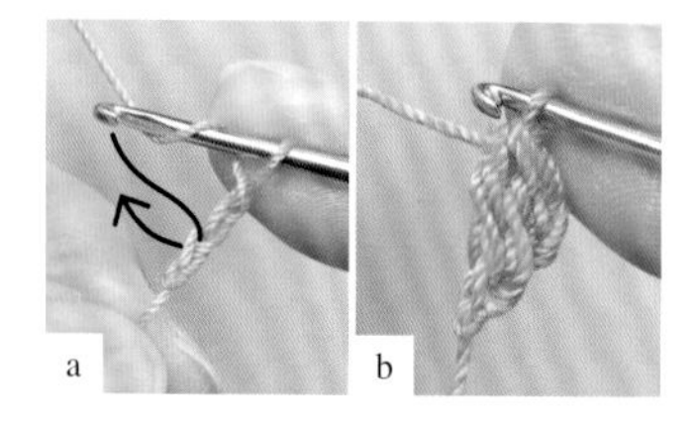

1 钩织 3 针锁针，然后在针上挂线，如 a 中箭头所示，在第 1 针锁针处入针，钩织 2 针长针，完成 3 针长针的枣形针。b 为钩织好的样子。

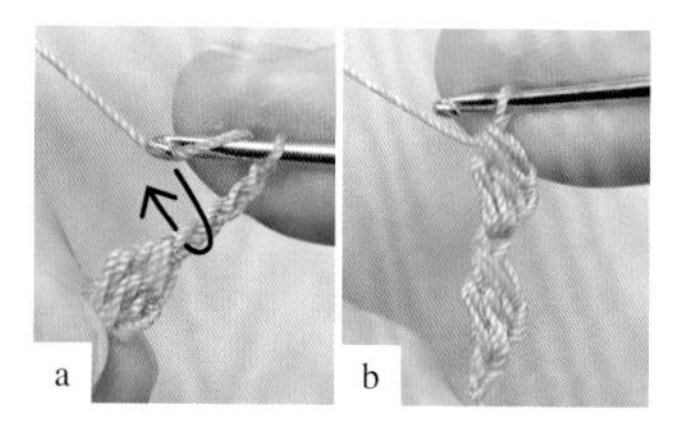

2 继续钩织 4 针锁针，然后在针上挂线，如 a 中箭头所示，在第 1 针的锁针处入针，钩织 2 针长针，完成 3 针长针的枣形针。b 为钩织好的样子。

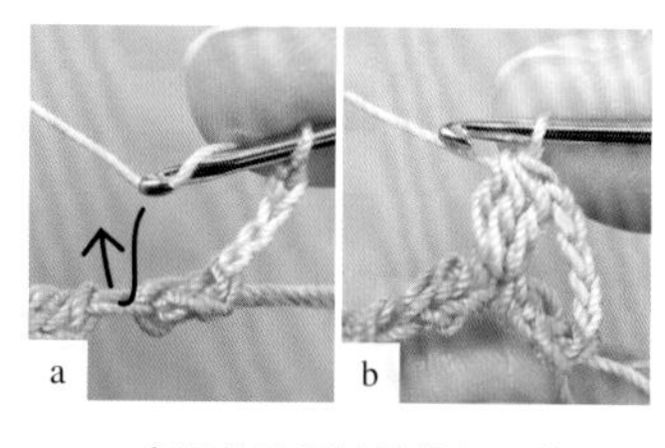

3 参照符号图继续钩织，钩织到折返点后，钩织 5 针锁针，然后在针上挂线，如 a 中箭头所示，在指定的锁针处入针，钩织 3 针长针的枣形针。b 为钩织好的样子。

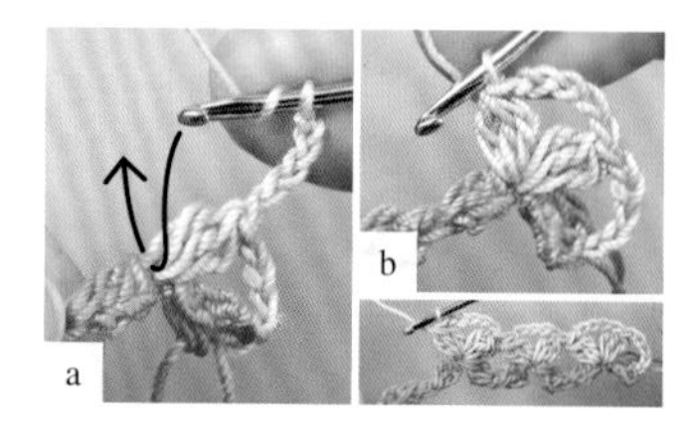

4 继续钩织 4 针锁针，然后在针上挂线，如 a 中箭头所示，在指定的锁针处入针，钩织 2 针长针，完成 3 针长针的枣形针。b 为钩织好的样子。右下图为多个花样钩织好了的样子。

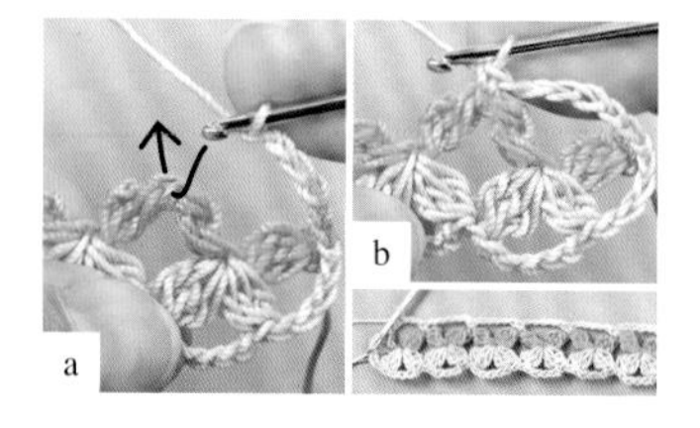

5 钩织到起针一侧的折返点后，在起针的第 1 针锁针上钩织短针。继续钩织 5 针锁针，如 a 中箭头所示，在指定的锁针处入针，钩织 1 针短针。b 为钩织好的样子。右下图为多个花样钩织好了的样子。

Q 图片 p.24 制作方法 p.66

花片的连接方法

1 将第 2 片花片，钩织到要与第 1 片花片连接的位置，如箭头所示，在第 1 片花片的指定位置入针。

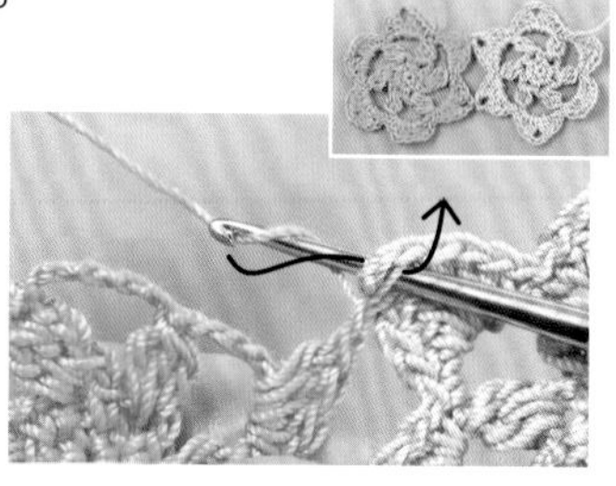

2 入针后的样子。在针上挂线，如箭头所示引拔，钩织连接第 1 片和第 2 片花片。右上图为在指定的 2 针上钩织连接好的样子。

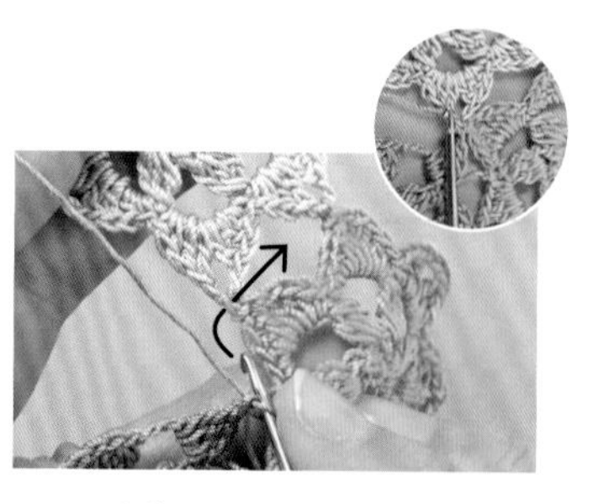

3 连接第 3 片花片时，需在连接第 1 片与第 2 片花片的引拔针的根部入针引拔。右上图为引拔后的样子。因为挑起了根部，所以织片完成后很薄。

R、S 图片 p.26 制作方法 p.55

第 5 行的编织方法

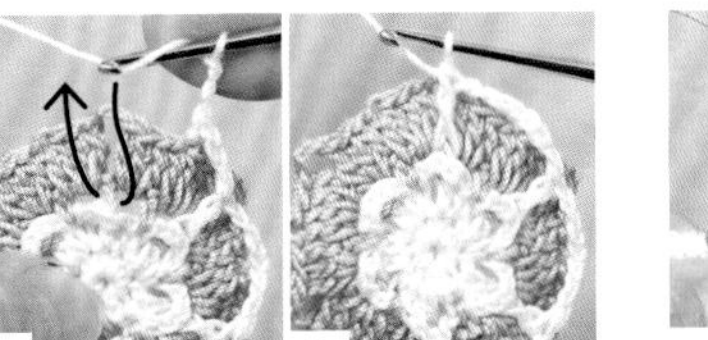

长针的正拉针需在针上挂线，如 a 中箭头所示，挑起第 3 行的短针的反拉针的根部进行钩织。b 为钩织好的样子。

第 11 行的⊗的编织方法

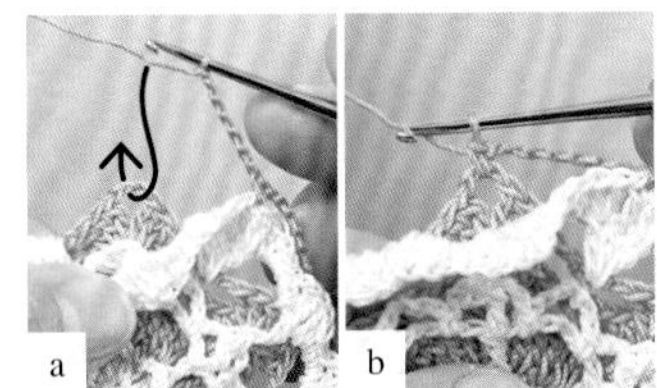

指定的短针，需将第 10 行向前面放倒，如 a 中箭头所示，成束挑起第 8 行的锁针进行钩织。b 为钩织好的样子。第 11 行的短针，需交替挑起第 10 行和第 8 行进行钩织。

第 25、29、33 行的长针的编织方法（这里以第 25 行进行讲解）

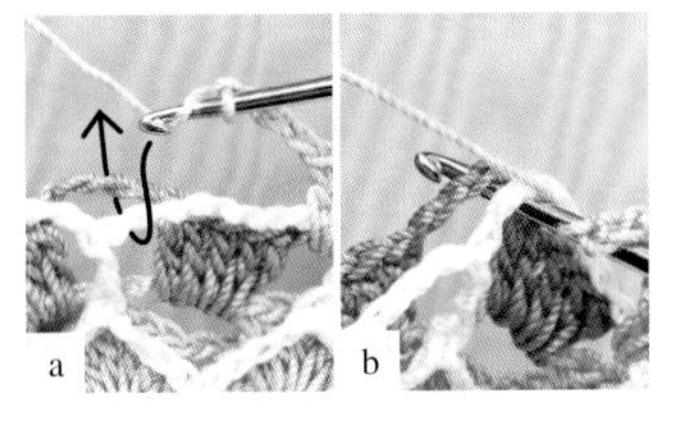

1 长针需如 a 中箭头所示，成束挑起前一行和前面第 2 行的锁针进行钩织。b 为入针后的样子。

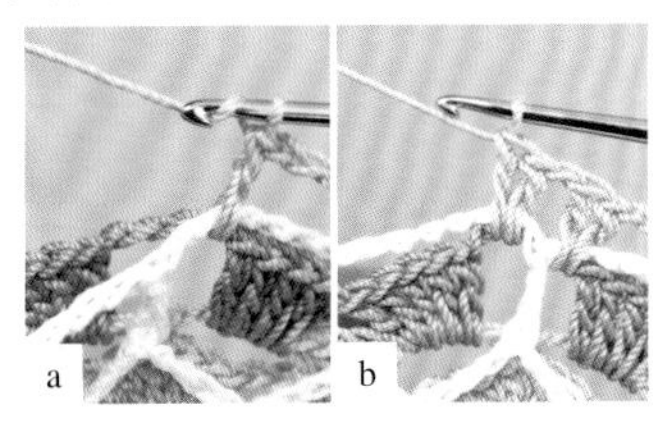

2 长针的第 1 针钩织好了的样子（a）。b 为多针钩织好了的样子。

第 27、31、35 行的⊗的编织方法（这里以第 27 行进行讲解）

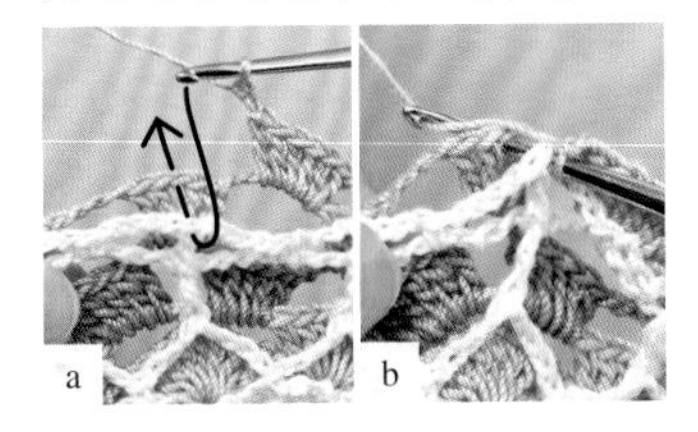

1 第 27 行的短针，需如 a 中箭头所示，成束挑起前一行的长针的正拉针的头部和前面第 2 行的锁针进行钩织。b 为入针后的样子。

2 钩织好了的样子。前后的织片可以连接继续钩织。

第 38 行的 ×(的编织方法

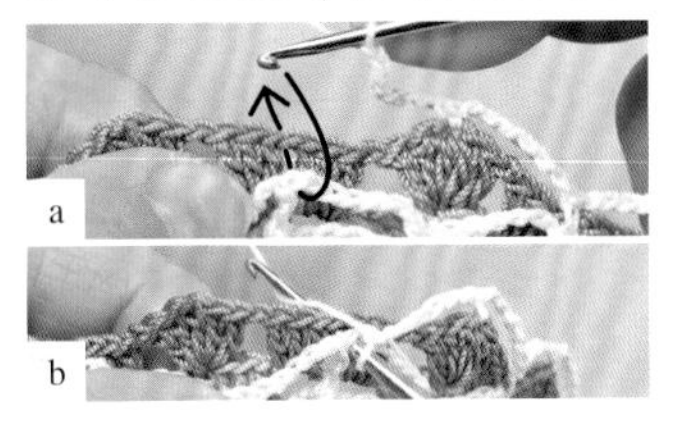

1 指定的短针，需如 a 中箭头所示，成束挑起前面第 2 行的长针的正拉针的头部和前一行的锁针进行钩织。b 为入针后的样子。

2 钩织好了的样子。前后的织片可以继续钩织。

V、W 图片 p.30、p31 制作方法 p.69

叶子的连接方法

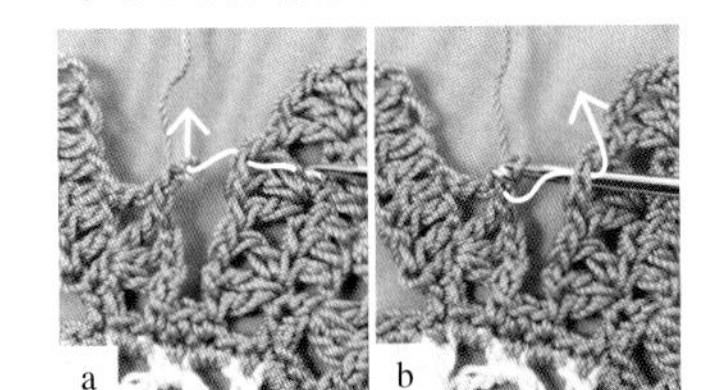

1 钩织到要连接相邻叶子的针目之前的锁针后，暂时将针从针目中取出，如 a 中箭头所示，在相邻叶子连接位置的长针的头部和休针的针目处入针。b 为入针后的样子。如箭头所示将针目拉出。

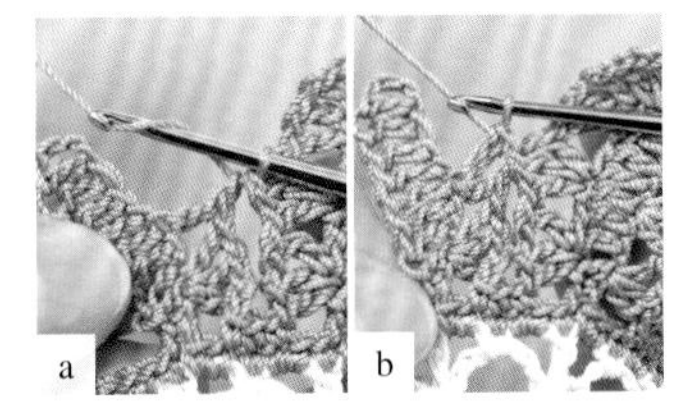

2 拉出针目后，在针上挂线，钩织长针（a）。b 为 2 片叶子连接好的样子。

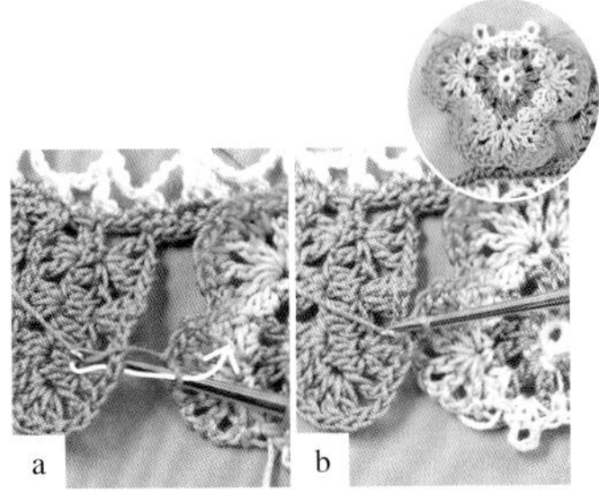

3 钩织到第 5 行要与叶子连接的位置后，在叶子的指定位置入针，然后在针上挂线，如 a 中箭头所示拉出。b 为拉出后的样子。右上图为第 5 行钩织好了的样子。

4 如 a 中箭头所示，第 6 行需从背面在第 3 行的指定位置入针，挂线后拉出。b 为线挂好的样子。

三色堇的编织方法

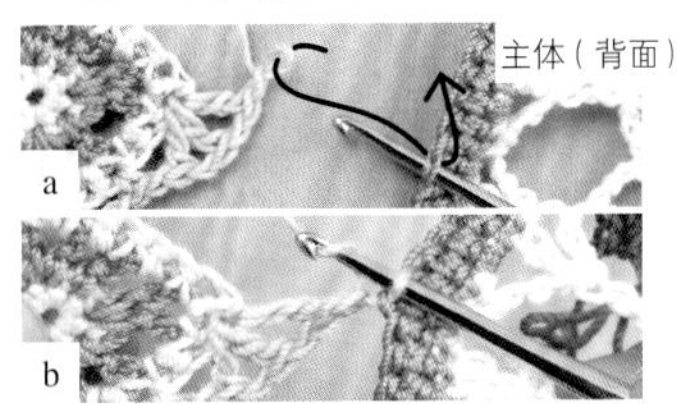

1 钩织到第 4 行的指定位置后，如 a 中箭头所示，在主体指定位置的短针处从背面入针，然后如 a 中箭头所示，在休针处入针，拉出。b 为拉出后的样子。在针上挂线，钩织长针。

2 长针钩织好后，三色堇和主体连接好了的样子（a）。后续的连接位置，也按照相同的方法进行连接（b）。右下图为第 4 行钩织好了的样子。

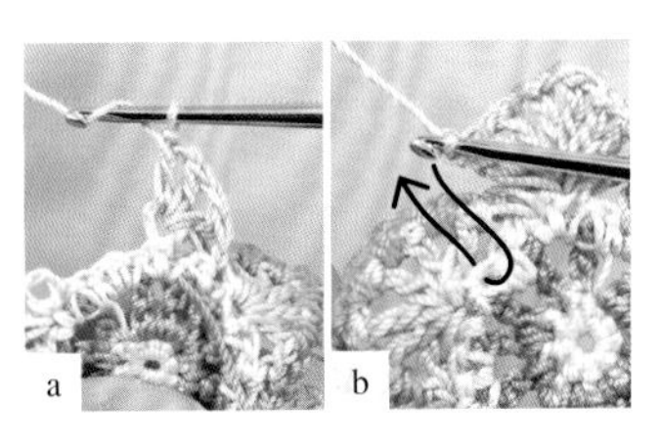

5 参照符号图，继续钩织（a）。第 6 行的最后，需如 b 中箭头所示，在第 3 行的指定位置入针，钩织引拔针。

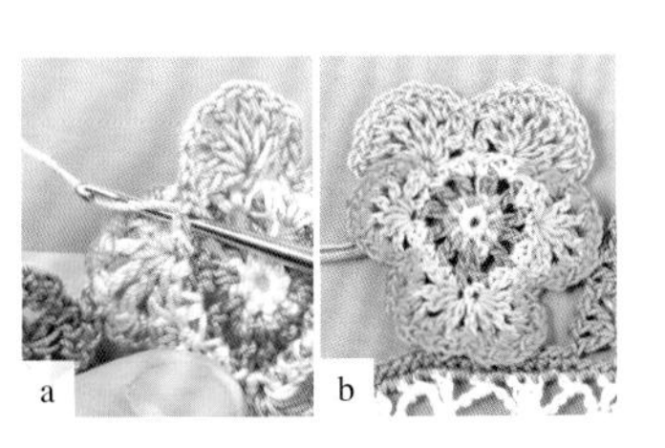

6 入针后的样子（a）。钩织好引拔针后，继续钩织第 7 行，剪线（b）。

材料和工具

本书中用到的线和蕾丝钩织工具的相关介绍

＊ 线

※ 图片为实物粗细

【奥林巴斯】

1 Emmy Grande
100% 棉
·50g/团、约218m、47色
·100g/团、约436m、3色
蕾丝针0号～钩针2/0号

2 Emmy Grande〈Herbs〉
100% 棉、20g/团、约88m、18色
蕾丝针0号～钩针2/0号

3 Emmy Grande〈Colors〉
100% 棉、10g/团、约44m、26色
蕾丝针0号～钩针2/0号

4 金票40号蕾丝线
100% 棉
·10g/团、约89m、48色
·50g/团、约445m、49色(白色)
·100g/团、约890m、仅白色
蕾丝针6～8号

【横田株式会社DARUMA】

5 蕾丝线#30葵
100% 棉、25g/团、145m、21色
蕾丝针2～4号

6 金银蕾丝线#30
80% 铜氨人造丝和20% 聚酯纤维、20g/团、137m、7色
蕾丝针2～4号

【DMC】

7 Cébé lia 10号
100% 棉、50g/团、约270m、39色
蕾丝针2～0号

8 Cébé lia 30号
100% 棉、50g/团、约540m、39色
蕾丝针6～4号

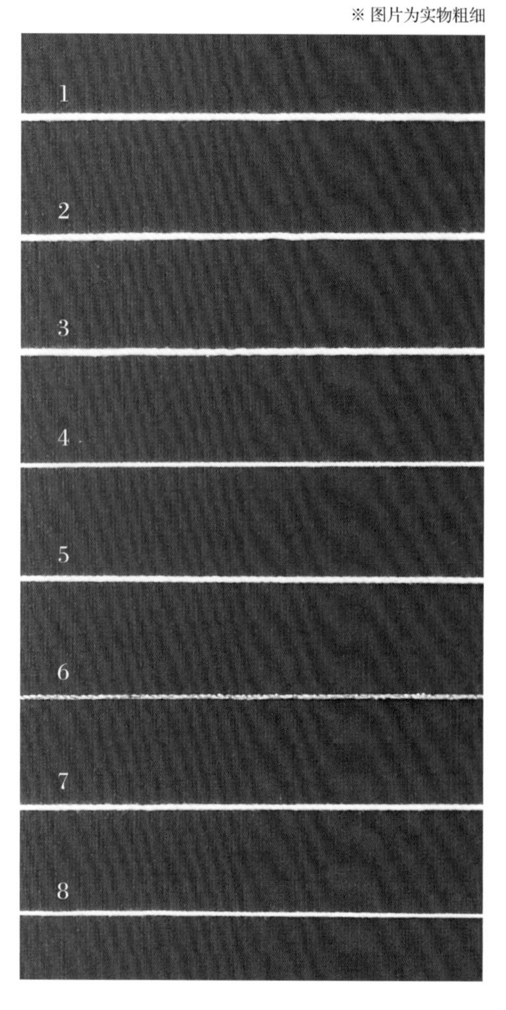

＊1～8号从上至下依次为线名→材质→规格→线长→色数→适合的针，部分产品色号不同，可能成分也不同。
＊均为2021年5月的情况。
＊因为是印刷品，可能存在少许色差。

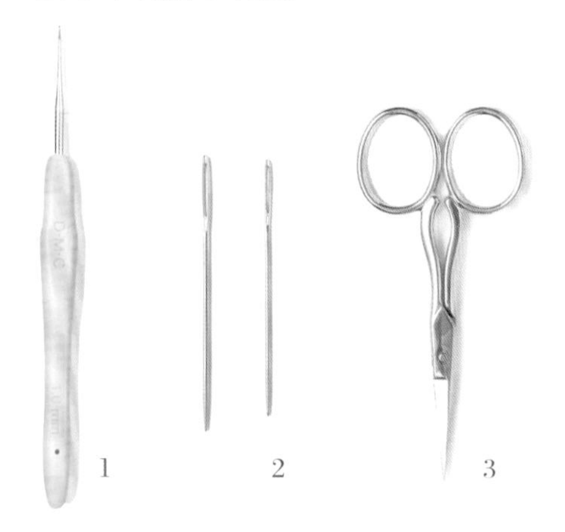

＊ 工具

1 蕾丝针
针的粗细用号数表示，号数越大针越细。使用较粗的蕾丝线编织时，也可能需要使用钩针。

2 手缝针
在编织终点处理线头等使用。推荐使用针尖圆滑的十字绣针。

3 剪刀
最好使用手工用剪刀，更容易剪细小的部分。

【整理作品时需要的工具】 ※ 使用方法参照 p.36
珠针、喷雾型胶水、毛巾、盆、画有作品完成尺寸的纸、描图纸、熨斗、熨烫台

作品的制作方法

A 菠萝花台心布　　图片 p.4

＊线　奥林巴斯
Emmy Grande ／米白色（804）…14g
＊针　蕾丝针0号
＊尺寸　直径21cm
＊密度　长针／1行＝0.7cm

＊编织方法要点
主体环形起针开始钩织，第1行钩织16针短针。第2～14行如图所示，将1个花样重复钩织8次。

主体

B 菠萝花台布 图片 p.5

＊线 DMC
Cébélia 10 号 / 米白色（3865）…30g
＊针 蕾丝针4号
＊尺寸 直径27.5cm
＊密度 长针 / 1行＝0.6cm
＊编织方法要点
主体环形起针开始钩织，第1行用3针锁针做起立针，钩织15针长针。第2～27行如图所示，将1个花样重复钩织8次。第27行在每针锁针上钩织2针短针。

＝5针长针的爆米花针（参照p.79）
（成束挑起钩织）

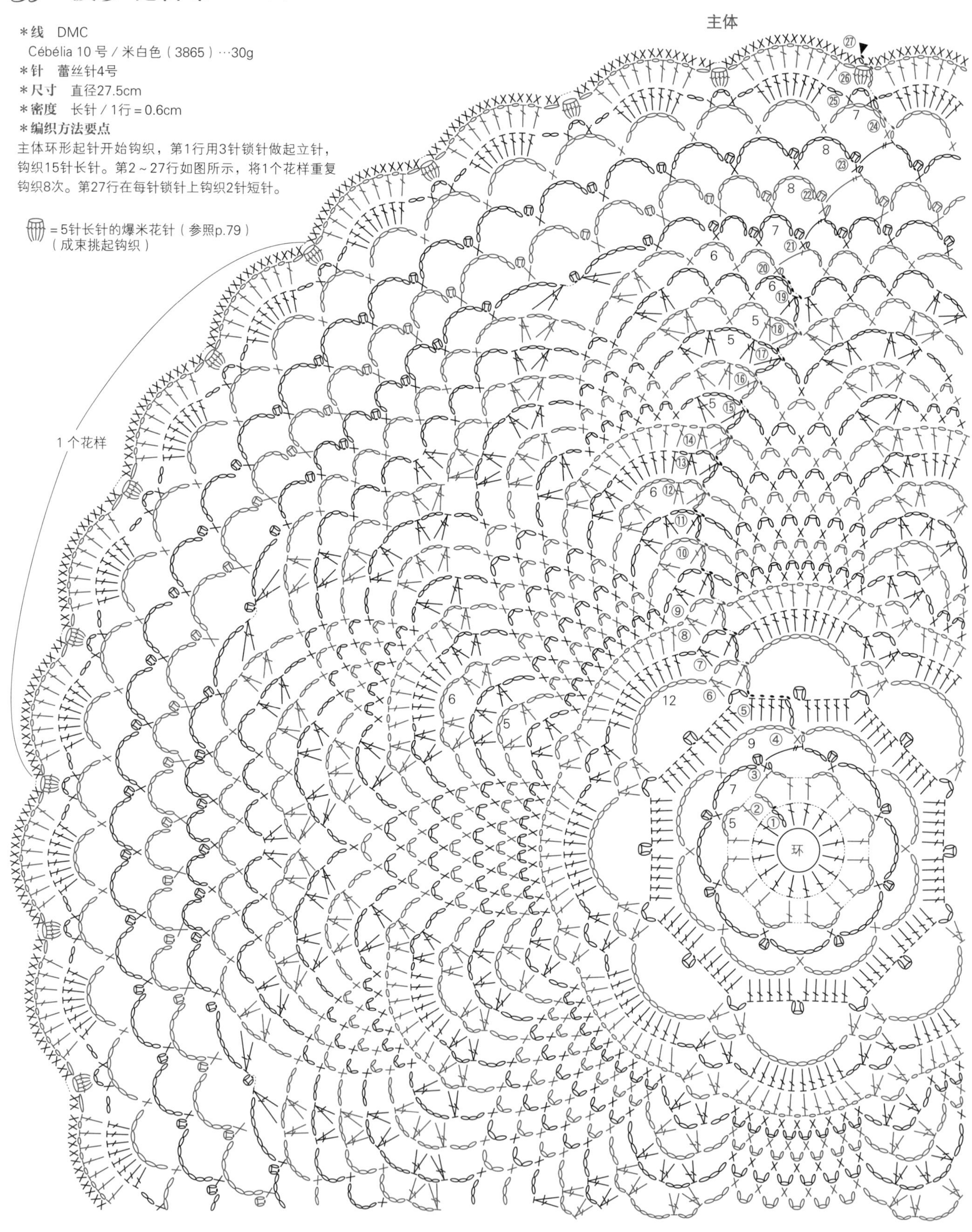

C 爆米花针蕾丝垫 图片 p.6

*线 奥林巴斯
Emmy Grande〈Herbs〉／原白色（732）…16g
*针 蕾丝针0号
*尺寸 直径22cm
*密度 长针／1行＝0.9cm

＊编织方法要点

主体钩织12针锁针起针，并制作成环。第1行钩织长针和锁针。第2～12行如图所示，将1个花样重复钩织8次。

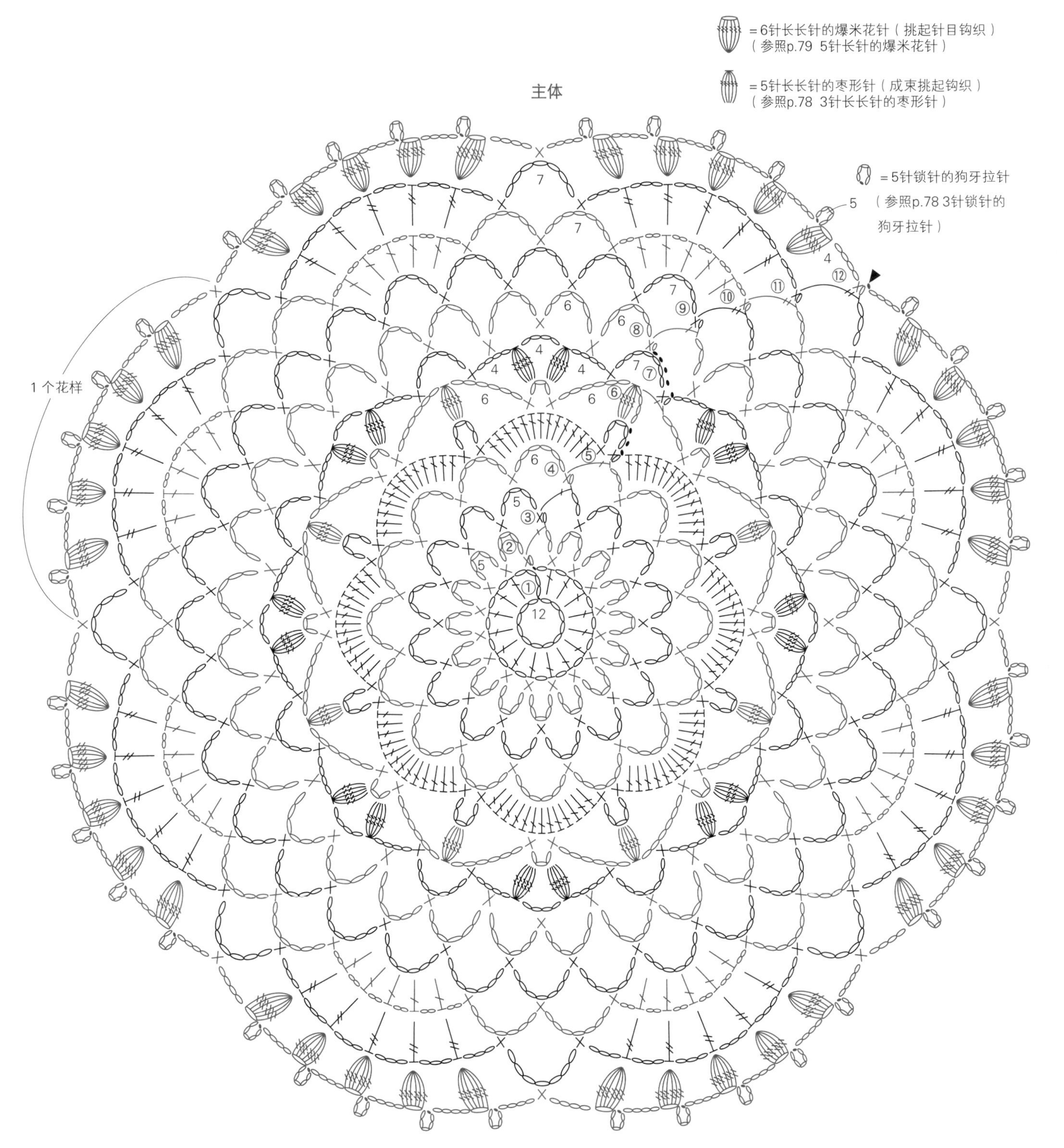

D　绽放的花朵蕾丝垫　图片 p.7

*线　奥林巴斯
Emmy Grande ／米白色（804）…27g
*针　蕾丝针0号
*尺寸　直径28cm
*密度　长针／1行＝0.7cm
*编织方法要点
主体环形起针开始钩织，第1行钩织6针短针。第2～19行如图所示，将1个花样重复钩织12次。

主体

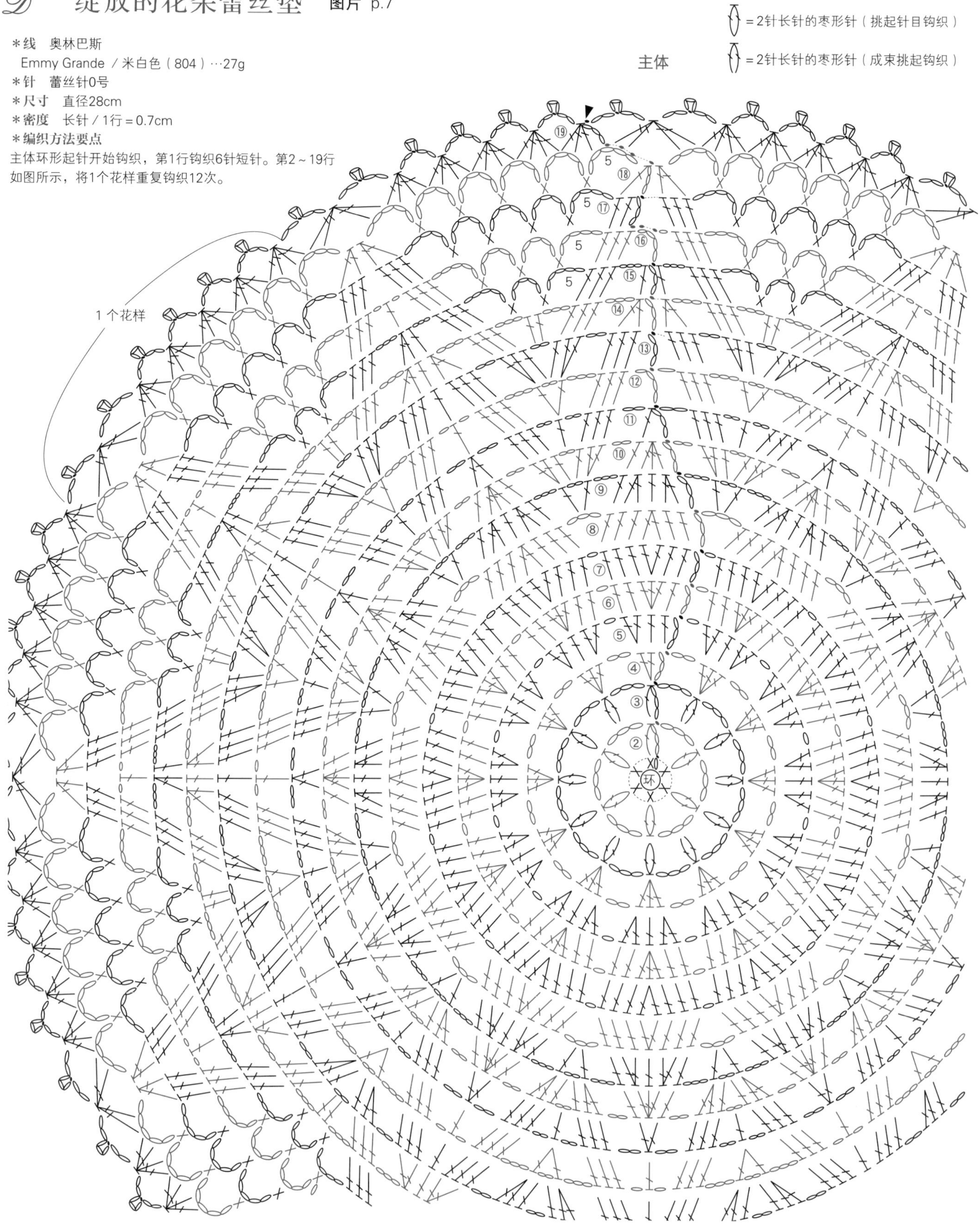

＝2针长针的枣形针（挑起针目钩织）
＝2针长针的枣形针（成束挑起钩织）

1个花样

H、*I* 黑与白经典装饰垫 **图片** p.12、p.13 **重点教程** p.37

＊线　DMC

H：Cébélia 10 号 / 黑色（310）…50g

I：Cébélia 10 号 / 米白色（3865）…50g

＊针　蕾丝针4号

＊尺寸　直径31cm

＊密度　长针 / 1行＝0.7cm

＊编织方法要点

主体环形起针开始钩织，第1行钩织12针短针。第2～21行如图所示，将1个花样重复钩织6次。挑起前一行的枣形针和爆米花针钩织时，需在拉紧的针目（参照p.37枣形针的拉紧方法）上入针钩织。

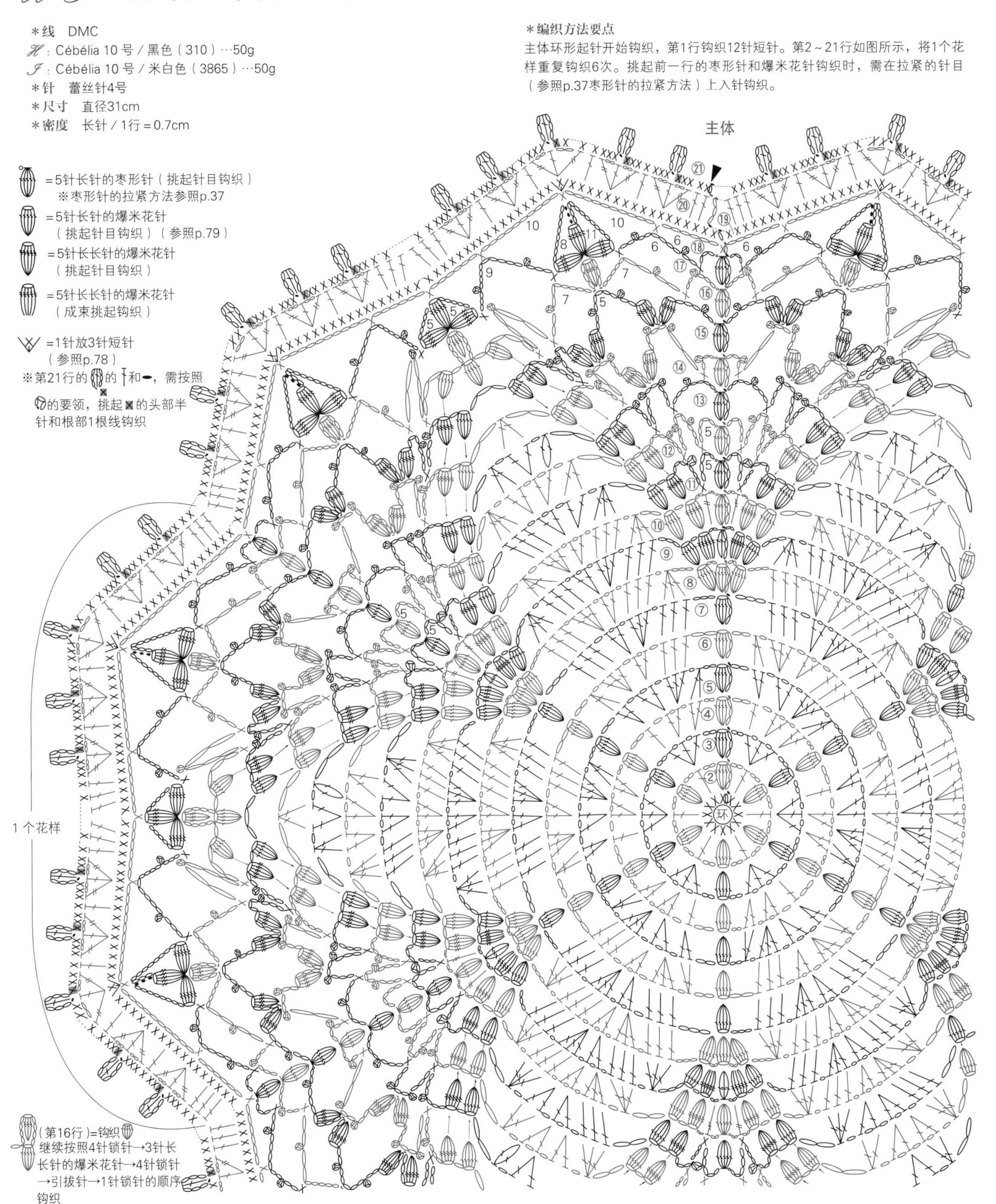

E螺旋花样台心布 **图片** p.8、p.9

*线　DARUMA
　蕾丝线# 30 葵 / 沙米色（16）…43g
*针　蕾丝针4号
*尺寸　约48cm×30cm
*密度　长针 / 1行＝0.7cm
***编织方法要点**

主体环形起针开始钩织，第1行钩织8针短针。第2～14行如图钩织。第15～47行分为2个半圆，进行往返编织。钩织完上侧的第47行后，继续将下侧的半圆按照相同的方法钩织第15～47行。

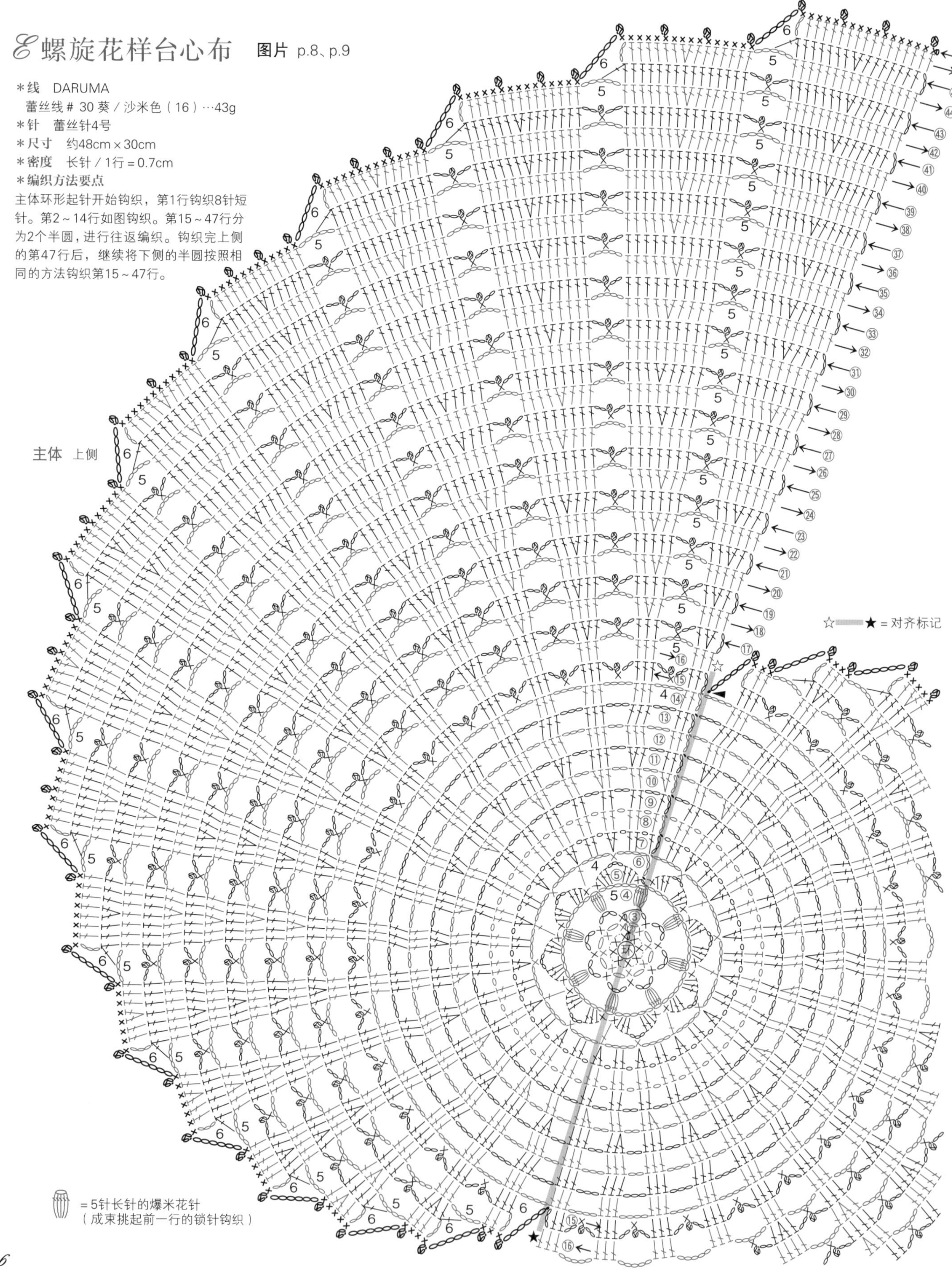

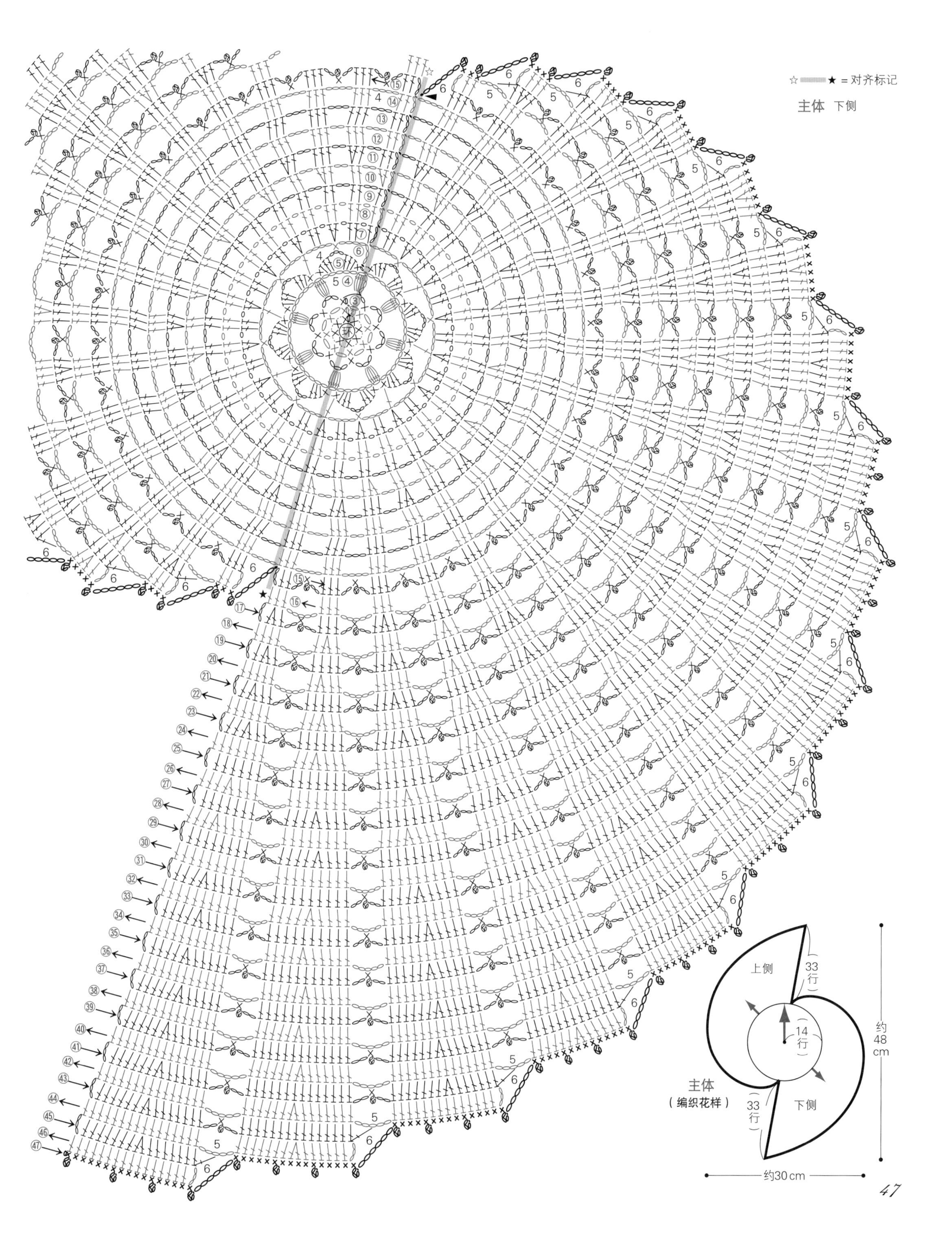
☆ ★ = 对齐标记
主体 下侧
环
上侧
33行
14行
下侧
33行
主体
（编织花样）
约48cm
约30cm

F 双层菠萝花台布 图片 p.10

＊线 奥林巴斯
金票 40 号蕾丝线 / 米白色（802）…40g
＊针 蕾丝针8号
＊尺寸 直径37cm
＊密度 长针 / 1行 = 0.5cm

＊编织方法要点
主体钩织6针锁针起针，并制作成环。第1行钩3针锁针做起立针，钩织15针长针。第2～23行如图所示，将1个花样重复钩织8次。第24～49行如图所示，将1个花样重复钩织16次。

主体 ※第1～23行

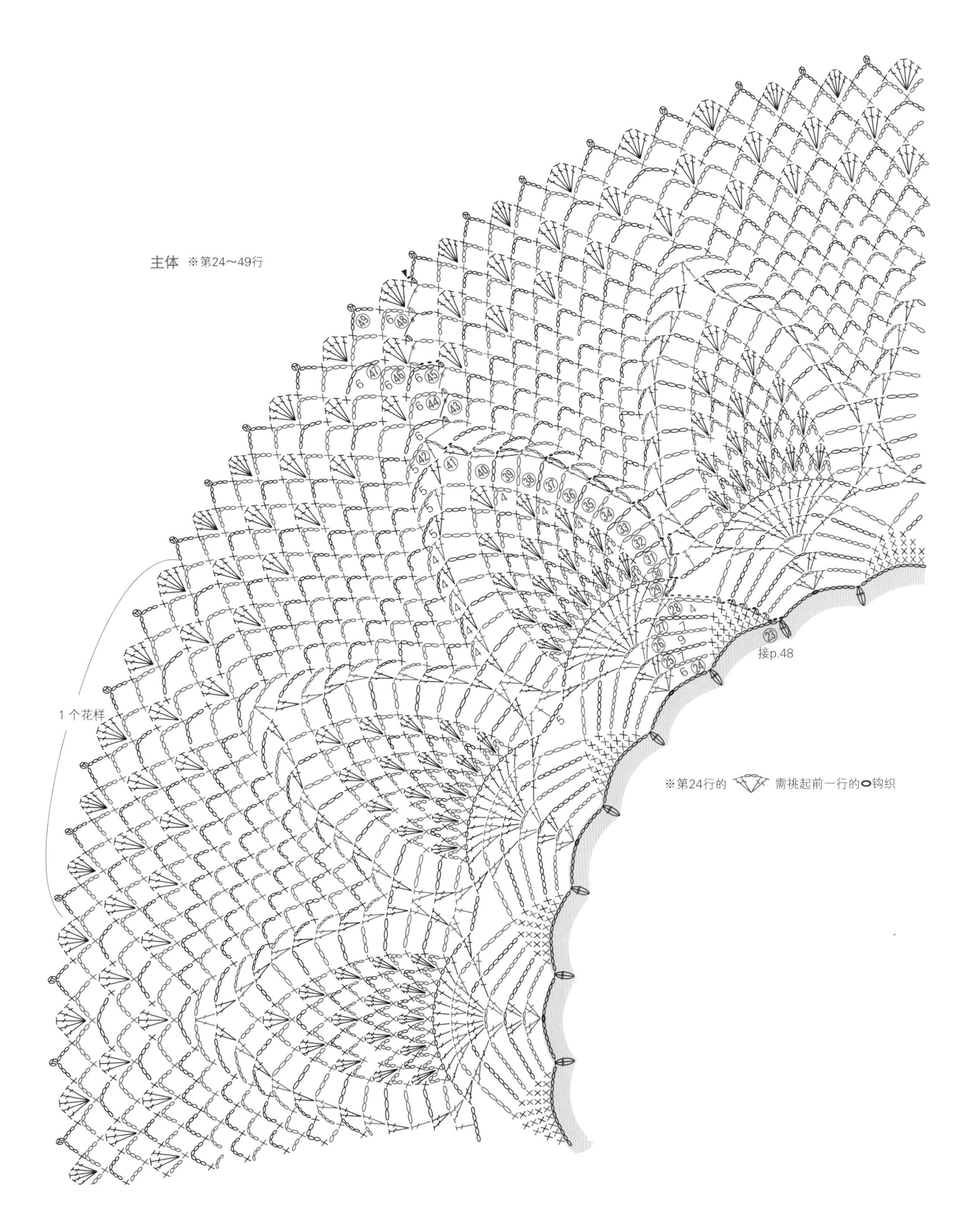
主体 ※第24～49行
1个花样
接p.48
※第24行的 需挑起前一行的钩织

𝒢 三层菠萝花台布 **图片** p.11

＊线　奥林巴斯
金票 40 号蕾丝线 / 原白色（852）…64g
＊针　蕾丝针8号
＊尺寸　直径52cm
＊密度　长针 / 1行＝0.5cm

＊编织方法要点
主体环形起针开始钩织，第1行钩织8针短针。第2～24行如图所示，将1个花样重复钩织8次。第25～56行如图所示，将1个花样重复钩织16次。

主体 ※第1～24行

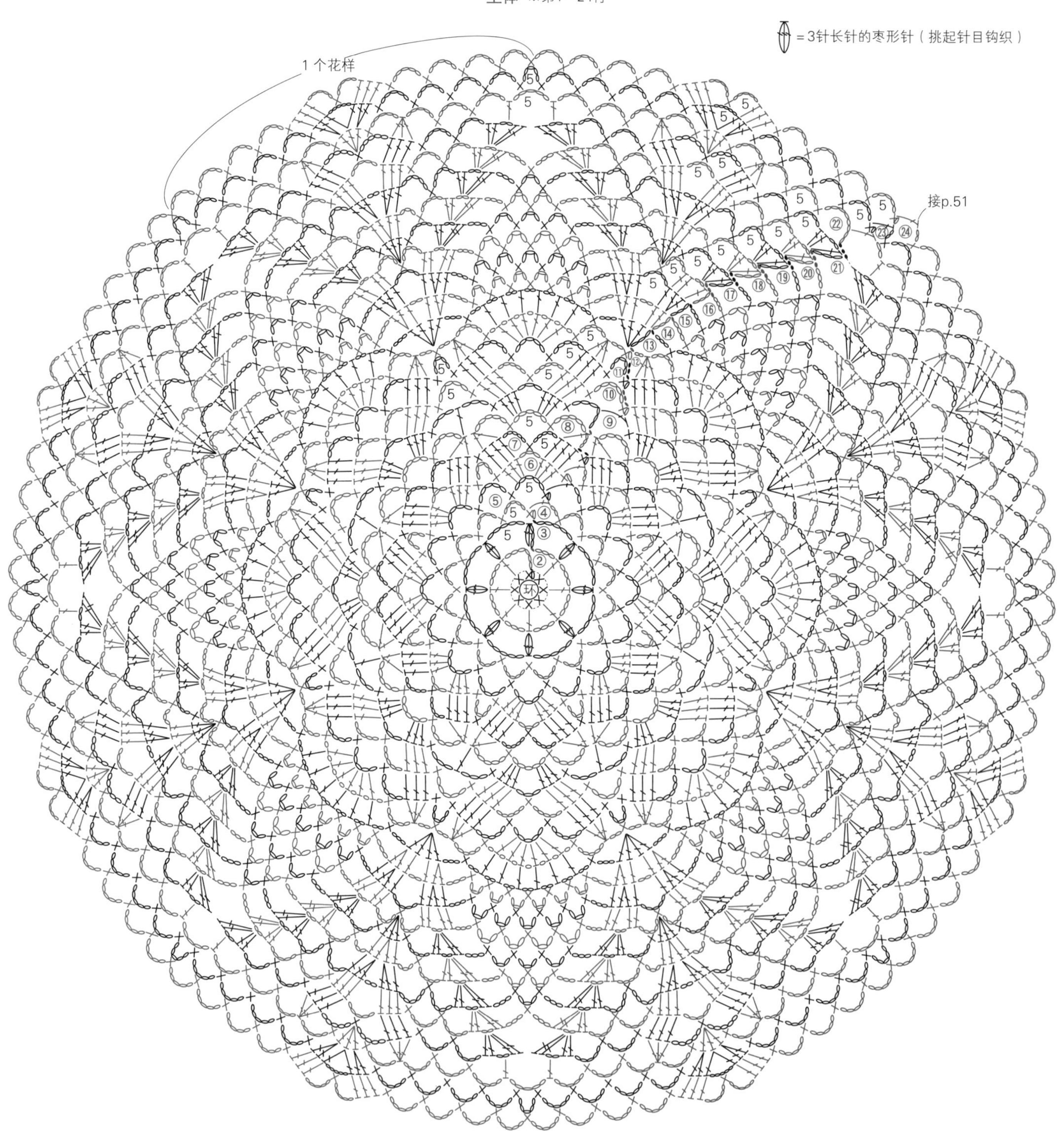

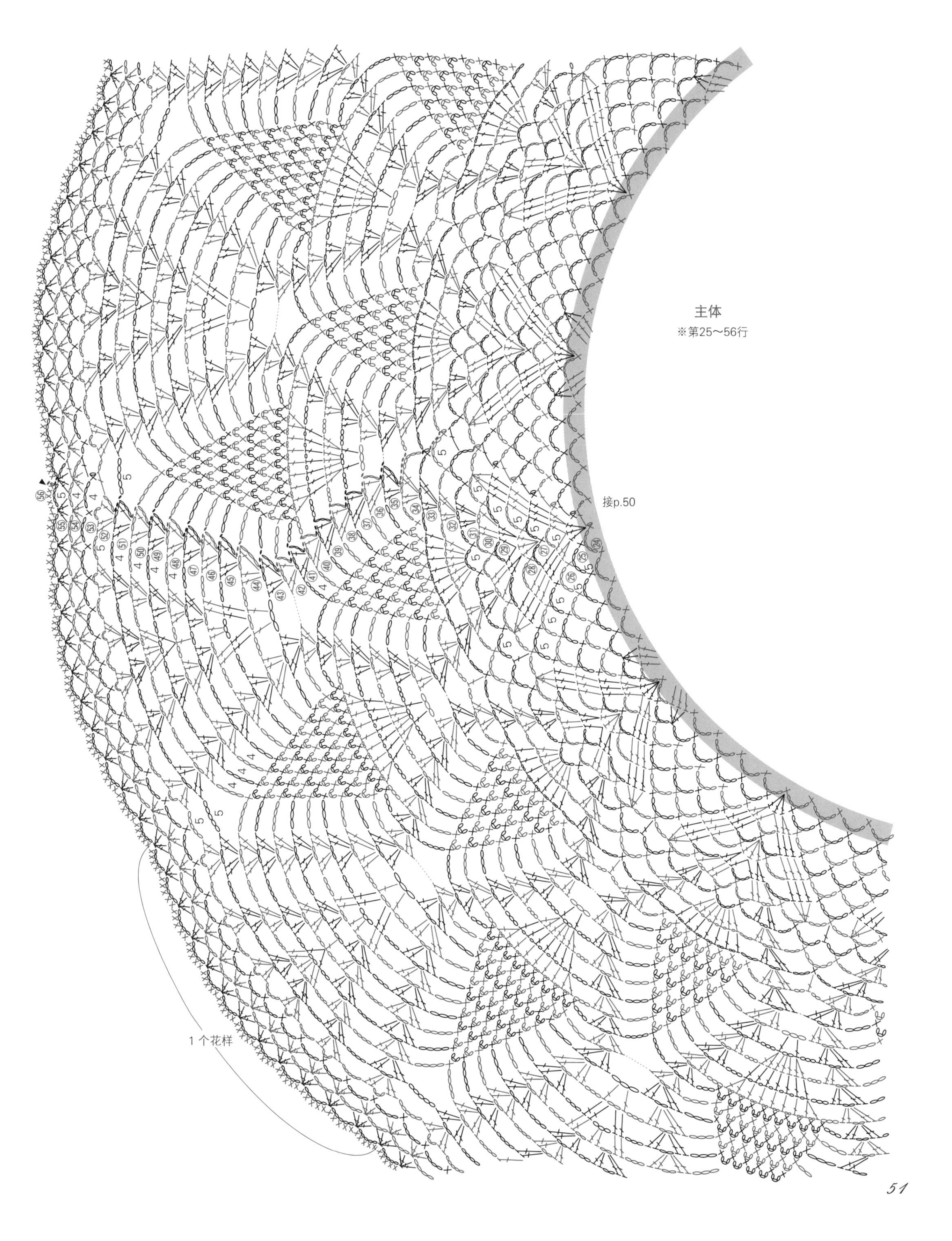
主体
※第25～56行
接p.50
1个花样

J 立体褶边蕾丝垫 **图片** p.14、p.15 **重点教程** p.37

＊线 DMC

Cébélia 10 号 / 米白色（3865）…41g

＊针 蕾丝针2号

＊尺寸 直径28cm

＊密度 长针 / 1行 = 0.8cm

＊编织方法要点

主体环形起针开始钩织，第1行钩织12针短针。第2～25行如图所示钩织。第26行需挑起第18行的长针的头部前面半针，钩织短针。第27～30行如p.53的图示钩织。

主体 ※第1～25行

接p.53

X =（第19行）短针的条纹针（参照p.78）

※第19行的编织方法参照p.37

⌒ =（第25行）5

⌒ =（第24行）4

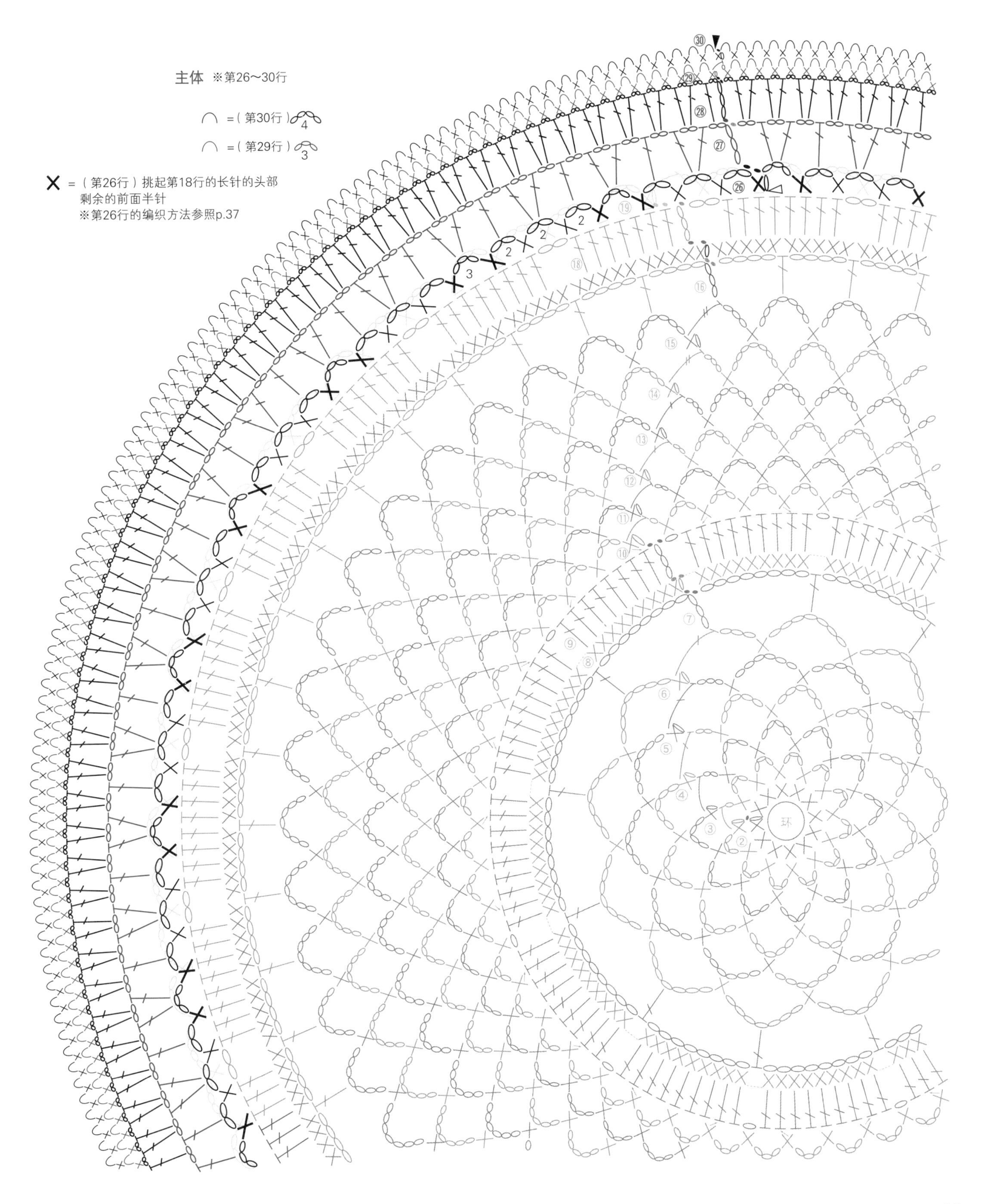
主体 ※第26~30行
=（第30行）4
=（第29行）3
= （第26行）挑起第18行的长针的头部
剩余的前面半针
※第26行的编织方法参照p.37
30
29
28
27
26
19
18
16
15
14
13
12
11
10
9
8
7
6
5
4
3
2
环
2
2
2
2
3

K 金银丝褶边台布 图片 p.16、p.17 重点教程 p.37

＊线 DARUMA

蕾丝线＃30葵／米白色（15）…37g、金银蕾丝线＃30／铜色（5）…3g

＊针 蕾丝针4号

＊尺寸 直径36.5cm

＊密度 长针／1行＝0.6cm

＊编织方法要点

主体环形起针开始钩织，第1行钩织长针和锁针。第2～32行如图，参照配色表，将1个花样重复钩织8次。第28行的狗牙拉针位置和第29行的挑针位置，参照p.37。在钩织前一行的枣形针时，需钩织拉紧的针目（枣形针的拉紧方法参照p.37）。

第29行的挑针位置

X ＝挑起第28行的短针的头部钩织

X ＝包住第28行的锁针钩织（一边将前一行的狗牙针倒向前侧一边挑针）

X ＝一边包住第28行的锁针，一边挑起第27行的长针的头部钩织

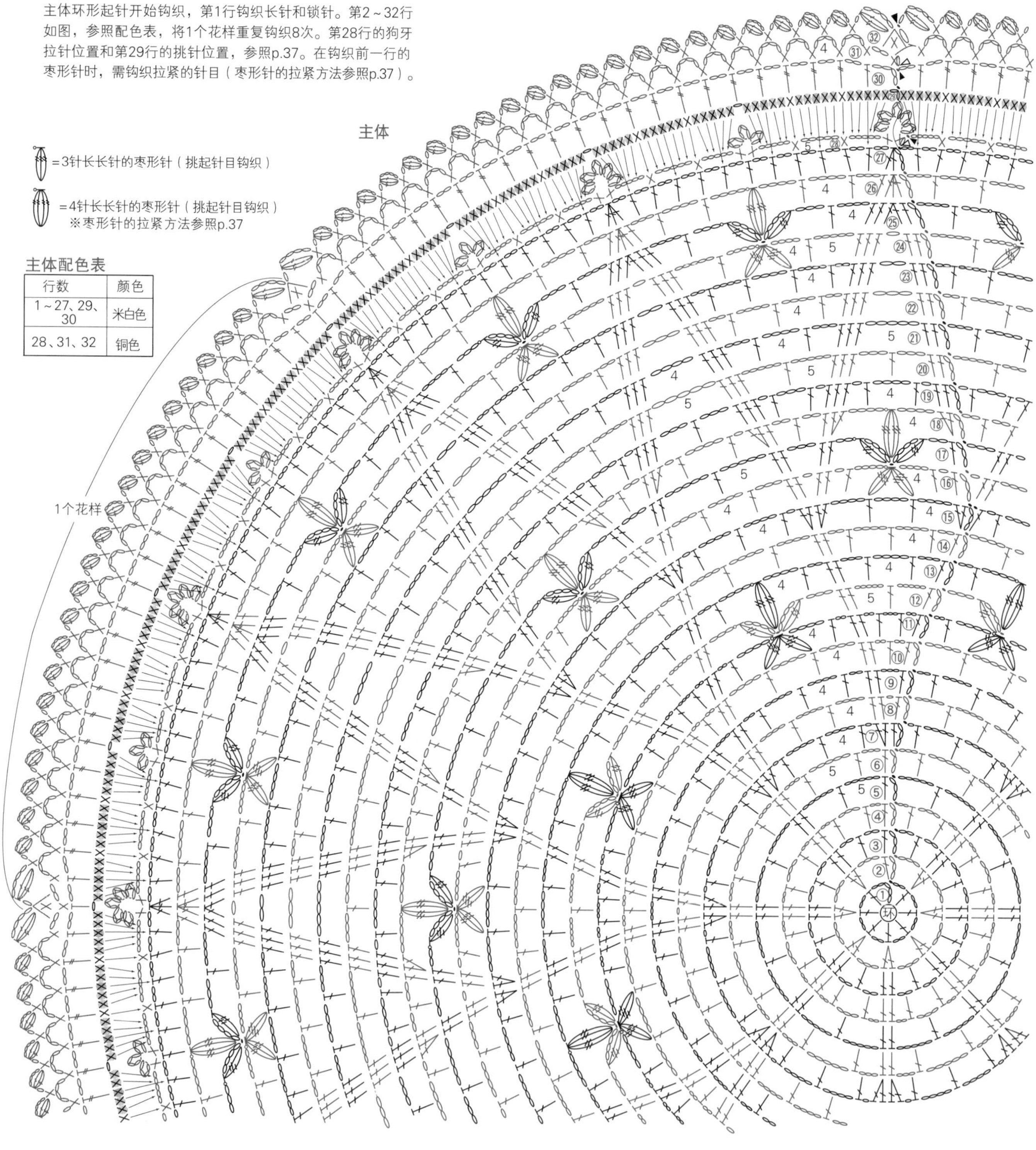

主体

＝3针长长针的枣形针（挑起针目钩织）

＝4针长长针的枣形针（挑起针目钩织）
※枣形针的拉紧方法参照p.37

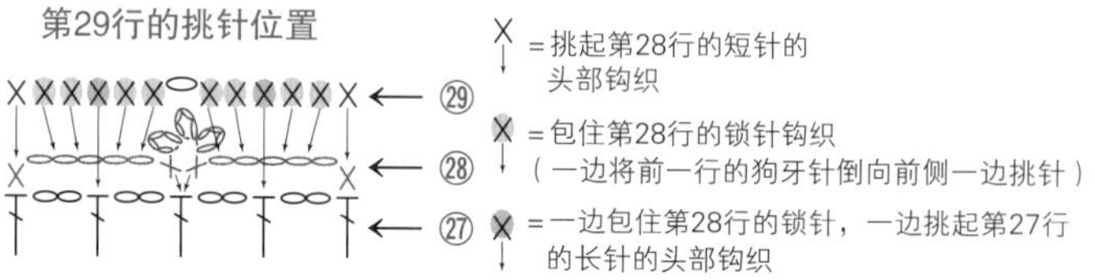

主体配色表

行数	颜色
1～27、29、30	米白色
28、31、32	铜色

1个花样

R、S 东方风格蕾丝垫 图片 p.26、p.27 重点教程 p.39

＊线 奥林巴斯
R：Emmy Grande／白色（801）…25g、米白色（804）…20g，
Emmy Grande〈Colors〉／灰色（484）…5g
S：Emmy Grande／白色（801）…25g、水蓝色（364）…15g，Emmy Grande〈Colors〉／藏青色（368）…5g，Emmy Grande〈Herbs〉／浅绿色（252）…5g
＊针 蕾丝针2号
＊尺寸 直径25.5cm
＊密度 长针／1行＝0.7cm
＊编织方法要点
主体用环形起针开始钩织，第1行钩织12针短针。第2～44行参照配色表，如图所示将1个花样重复钩织6次。第11行的X，第25、29、33行的长针，第27、31、35行的X，第38行的挑针位置均参照p.39。

主体配色表

行数	R	S
23、37	灰色	浅绿色
11～15、44	米白色	藏青色
3、4、6、8、20、21、25、27、29、31、33、35	米白色	水蓝色
1、2、5、7、9、10、16～19、22、24、26、28、30、32、34、36、38～43	白色	白色

主体

※第38行的X，需将前一行的锁针和前面第2行的长针的正拉针的头部一起挑起，钩织短针（参照p.39）。
※第28、32、36行的需挑起前面第2行的的根部钩织
※第25、29、33行的长针需将前一行的锁针和前面第2行的锁针一起成束挑起钩织（参照p.39）
※第11行的X需成束挑起第8行的锁针钩织（参照p.39）

第27、31、35 行的X的挑针位置
㉗㉛㉟

※挑起前一行的长针的正拉针的头部，再成束挑起前面第2行的锁针，钩织短针（参照p.39）

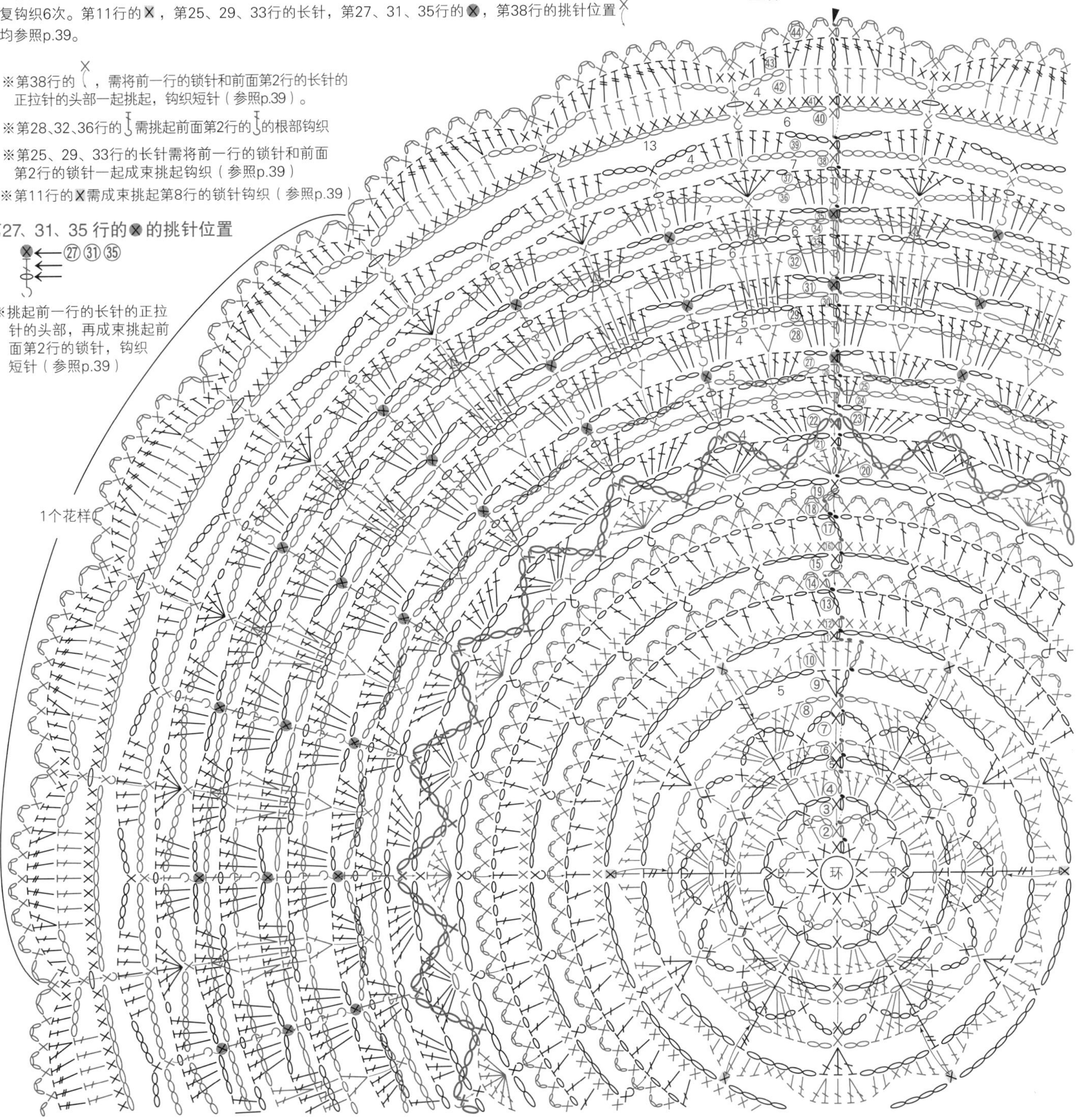

1个花样

环

L 手捧花束的少女装饰垫 图片 p.18

＊线 奥林巴斯

金票 40 号蕾丝线 / 米白色（802）…30g

＊针 蕾丝针8号

＊尺寸 28cm × 27cm

＊密度 方眼针 / 10cm × 10cm面积内=20.8格 × 25行

＊编织方法要点

主体钩织157针锁针起针。参照符号图，用方眼针钩织65行。边缘编织也参照编织图，从四周转圈挑针，钩织3行。

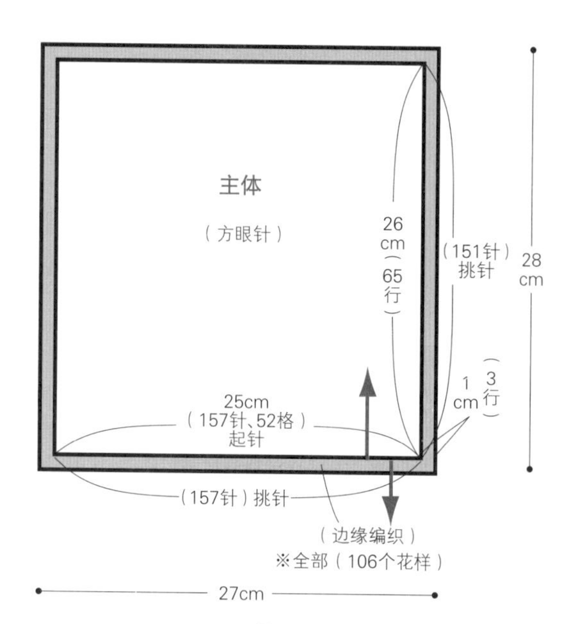

※在边缘编织第1行的○和T的根部钩织X，需要一边包住○和T的根部一边钩织

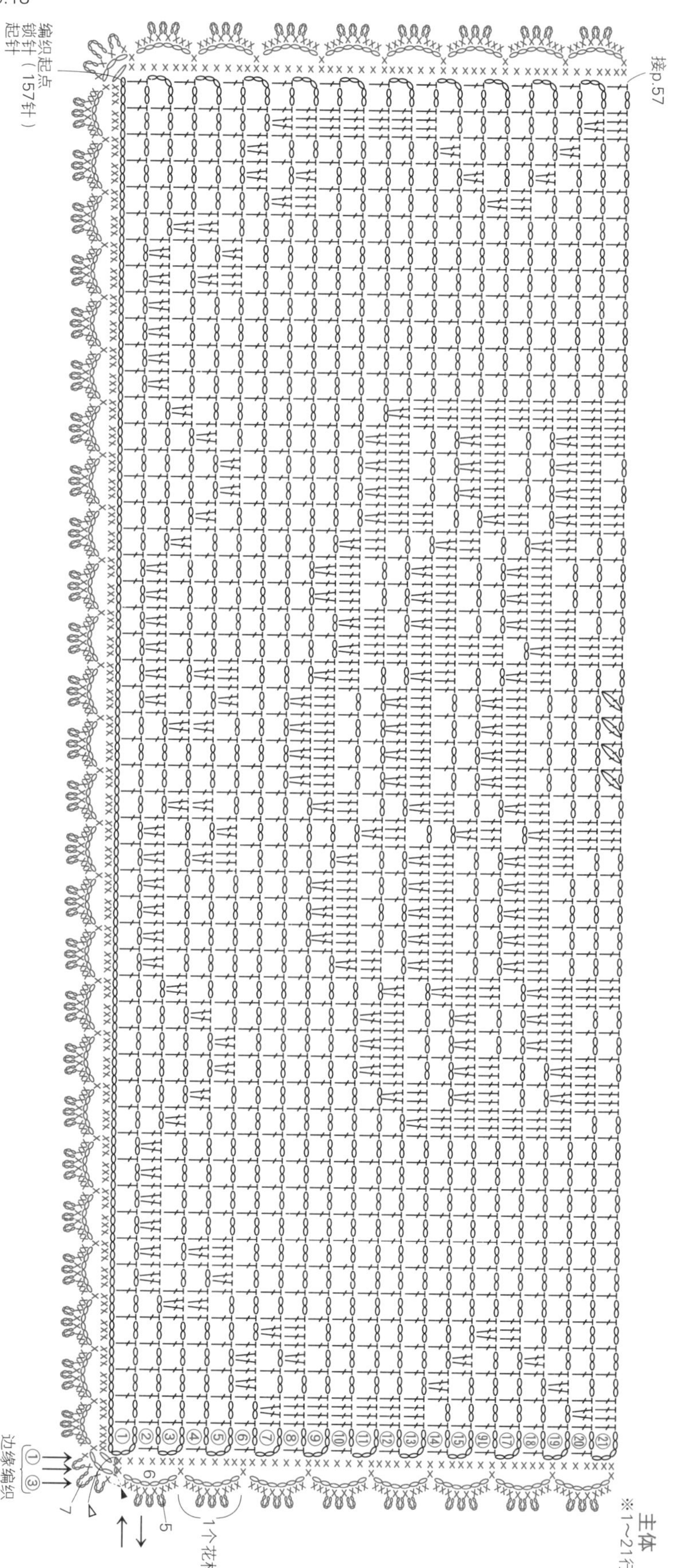

主体 ※第22～65行

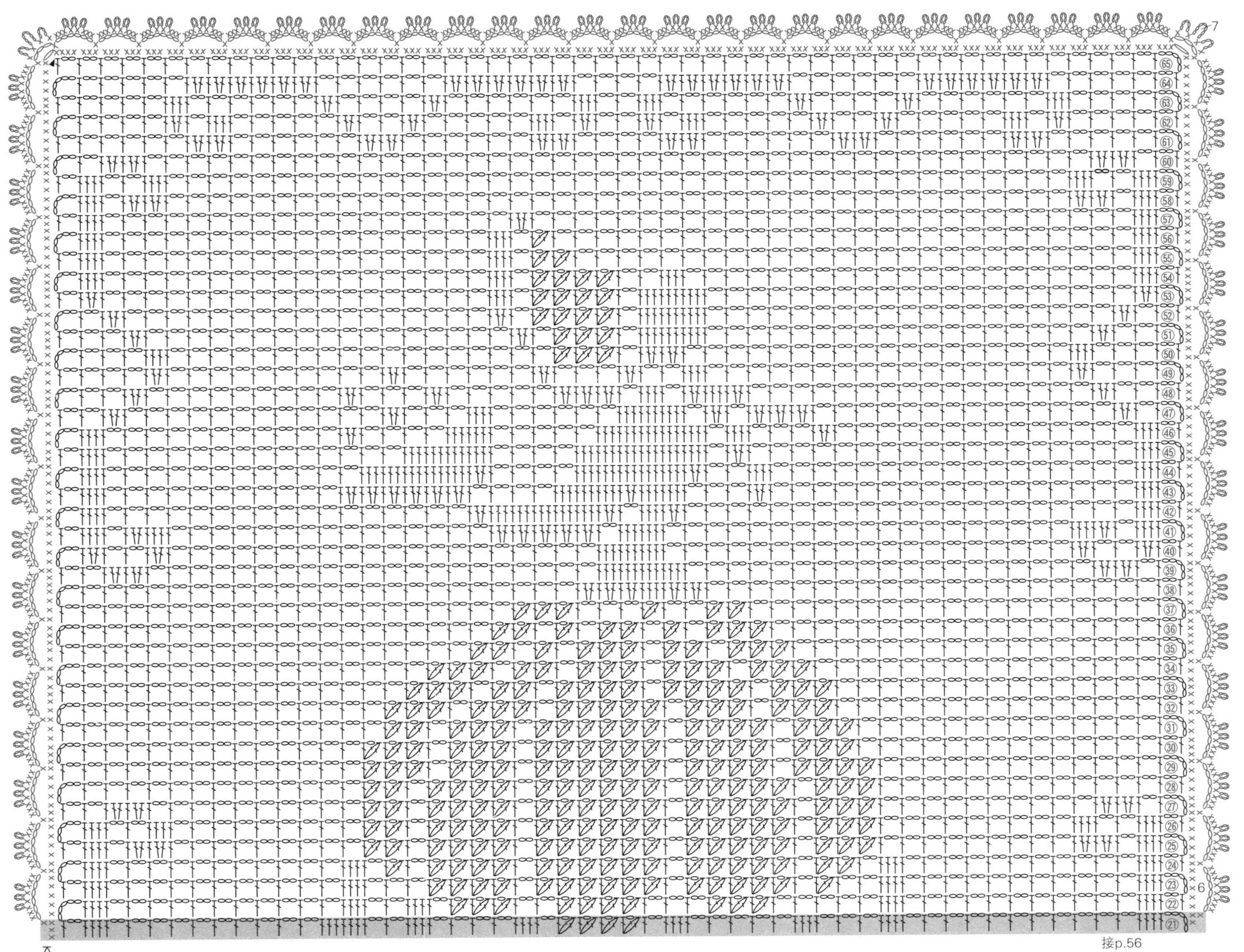

接p.56

=2针长针的枣形针（挑起针目钩织）

M 葡萄图案装饰垫 **图片** p.19 **重点教程** p.38

＊线 奥林巴斯
金票 40 号蕾丝线 / 米白色（802）…25g
＊针 蕾丝针8号
＊尺寸 28cm × 29cm
＊密度 方眼针 / 10cm × 10cm面积内 = 21格 × 22行
＊编织方法要点
主体钩织46针锁针起针。参照编织图，用方眼针一边在两端加减针，一边钩织55行。边缘编织也参照编织图，从四周转圈挑针，钩织3行。

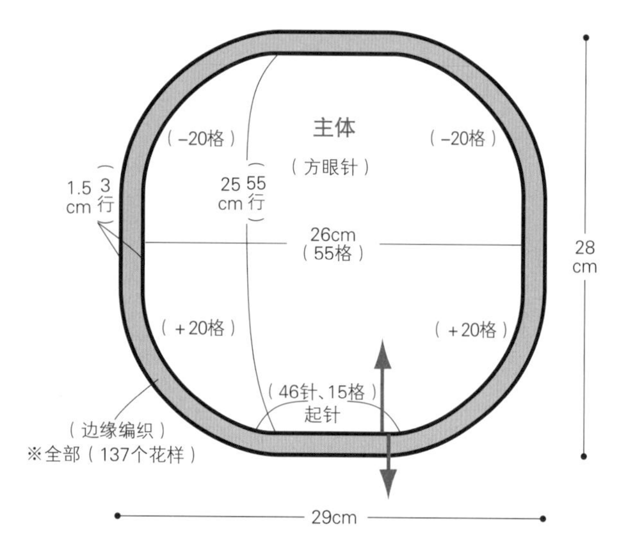

※（第2行）的编织方法参照p.38

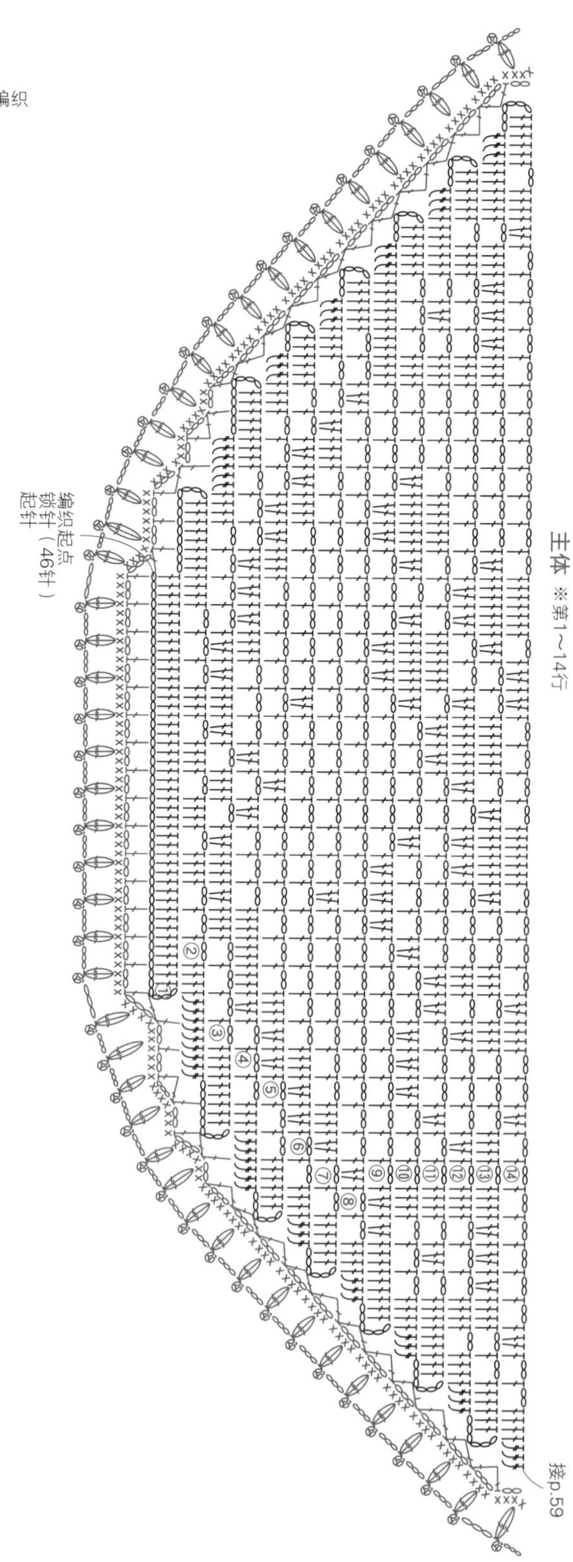

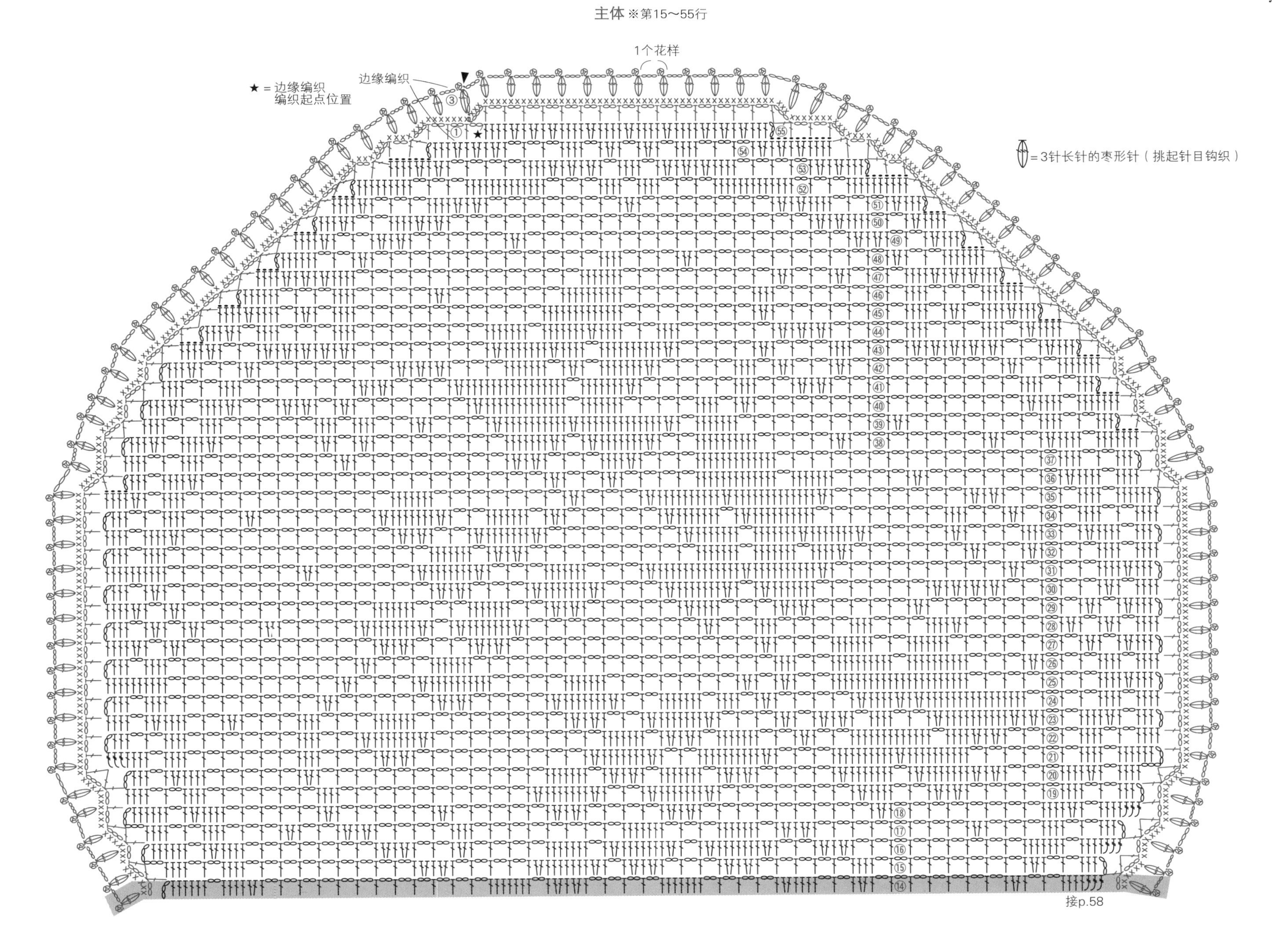
主体 ※第15~55行
1个花样
★ = 边缘编织
编织起点位置
边缘编织
=3针长针的枣形针（挑起针目钩织）
接p.58

N 小鸟图案装饰垫 **图片** p.20、p.21

＊线 DMC

Cébélia 30 号 / 白色（BLANC）…55g

＊针 蕾丝针8号

＊尺寸 高50cm

＊密度 长针 / 1行＝0.5cm

＊编织方法要点

主体环形起针开始钩织，第1行钩织3针锁针做起立针，钩织23针长针。第2～24行如图所示，将1个花样重复钩织12次。第25～47行如图所示，将1个花样重复钩织6次，剪线。从第48～61行开始，分别在12处进行钩织。在每个位置加线后，一边在两侧减针，一边做往返编织。

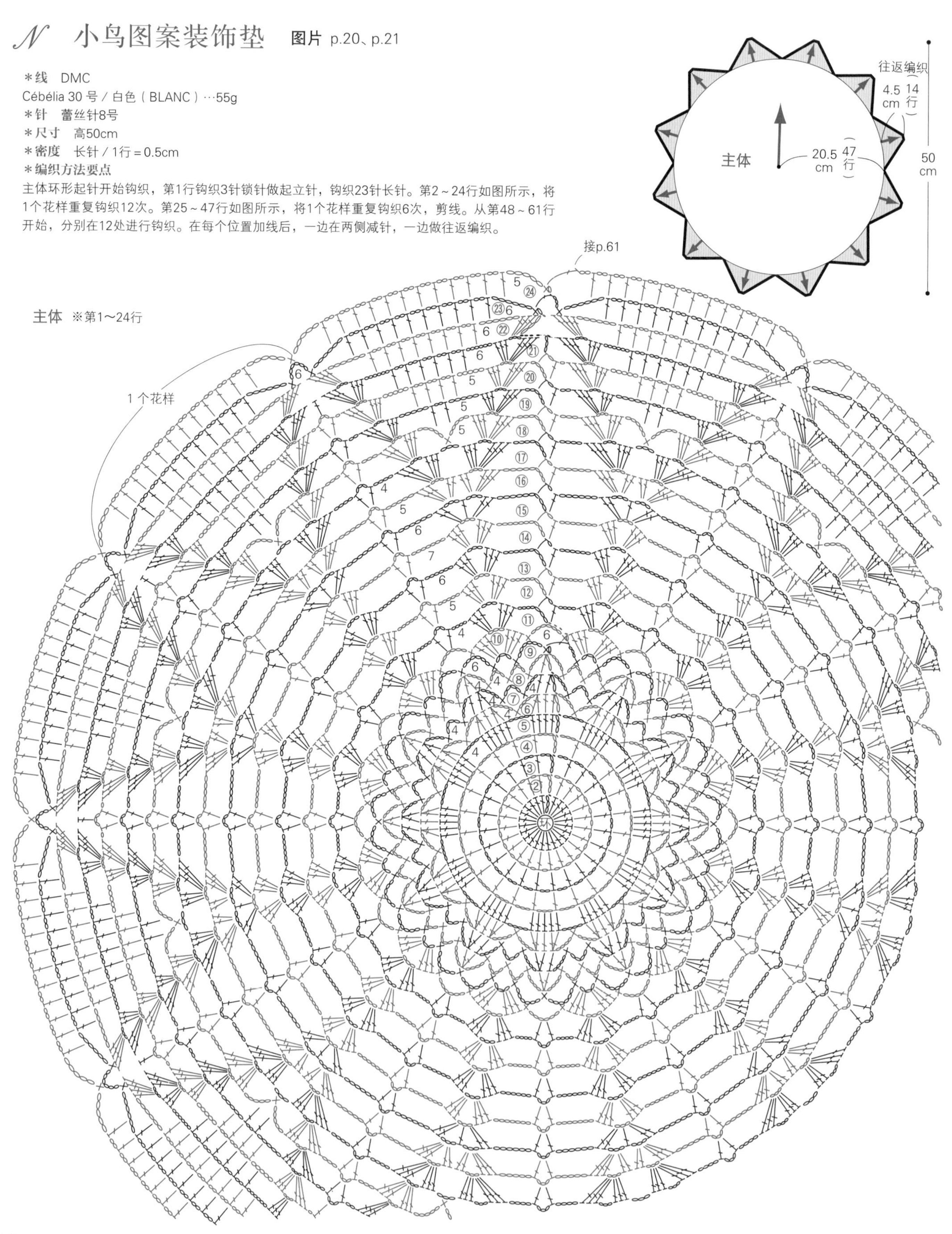

主体 ※第24～61行

（第61行）＝2针锁针的狗牙拉针（参照p.78）

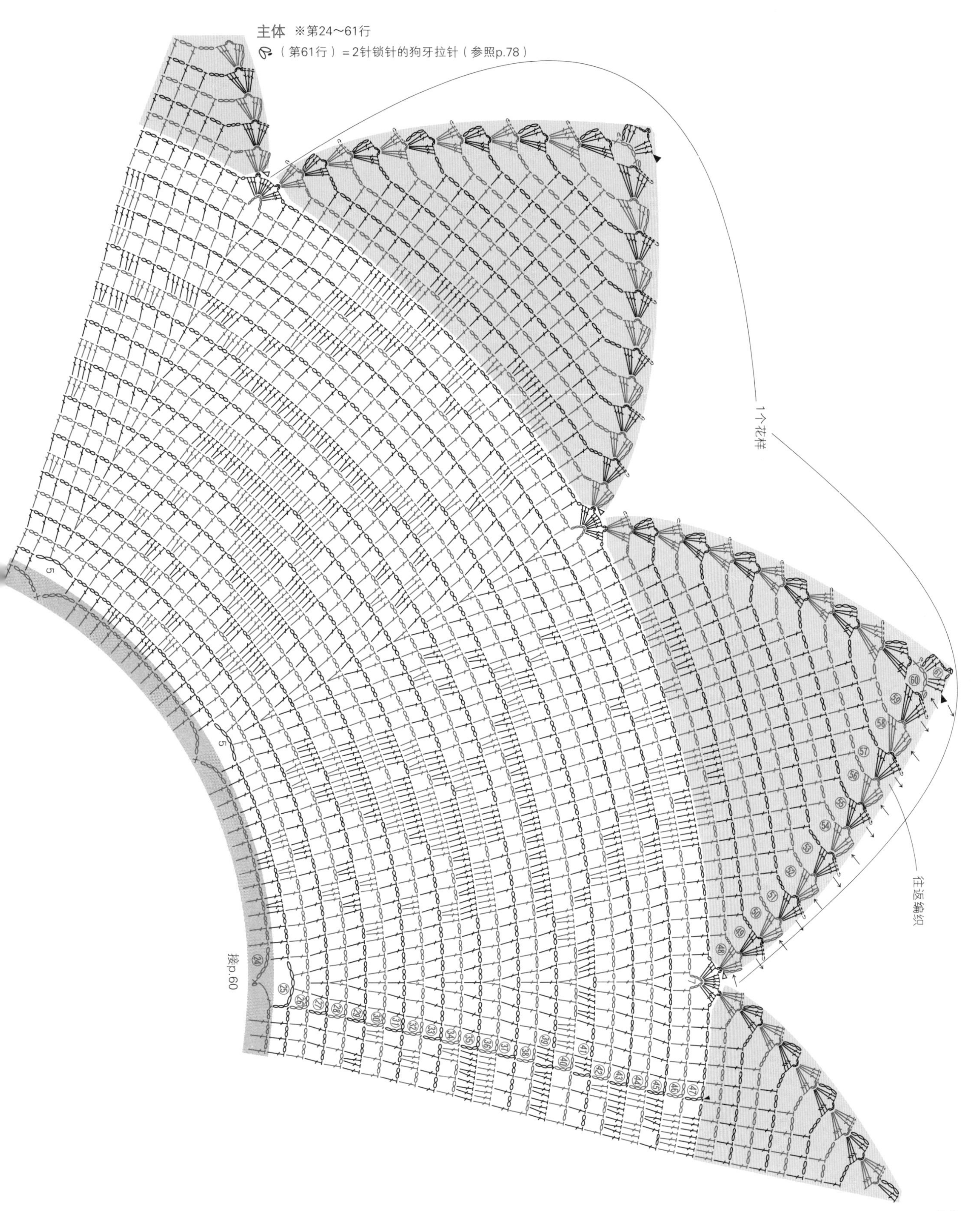

O 玫瑰与爱心蕾丝台布 图片 p.22、p.23 重点教程 p.38

＊线 DMC
Cébélia 30 号 / 白色（BLANC）…100g
＊针 蕾丝针8号
＊尺寸 直径57cm
＊密度 长针 / 1行＝0.5cm
＊编织方法要点
主体环形起针开始钩织，第1行钩织3针锁针做起立针，钩织15针长针。第1～67行如图所示，将1个花样重复钩织8次，剪线。第68～78行，分别在8处进行钩织。在每个位置加线后，一边在两侧减针，一边做往返编织。在外围转圈钩织1行边缘编织。

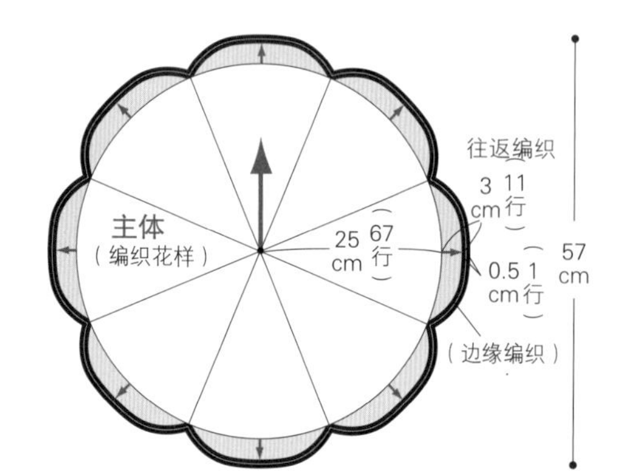

主体 ※第1～31行

= 长针的正拉针（参照p.38）

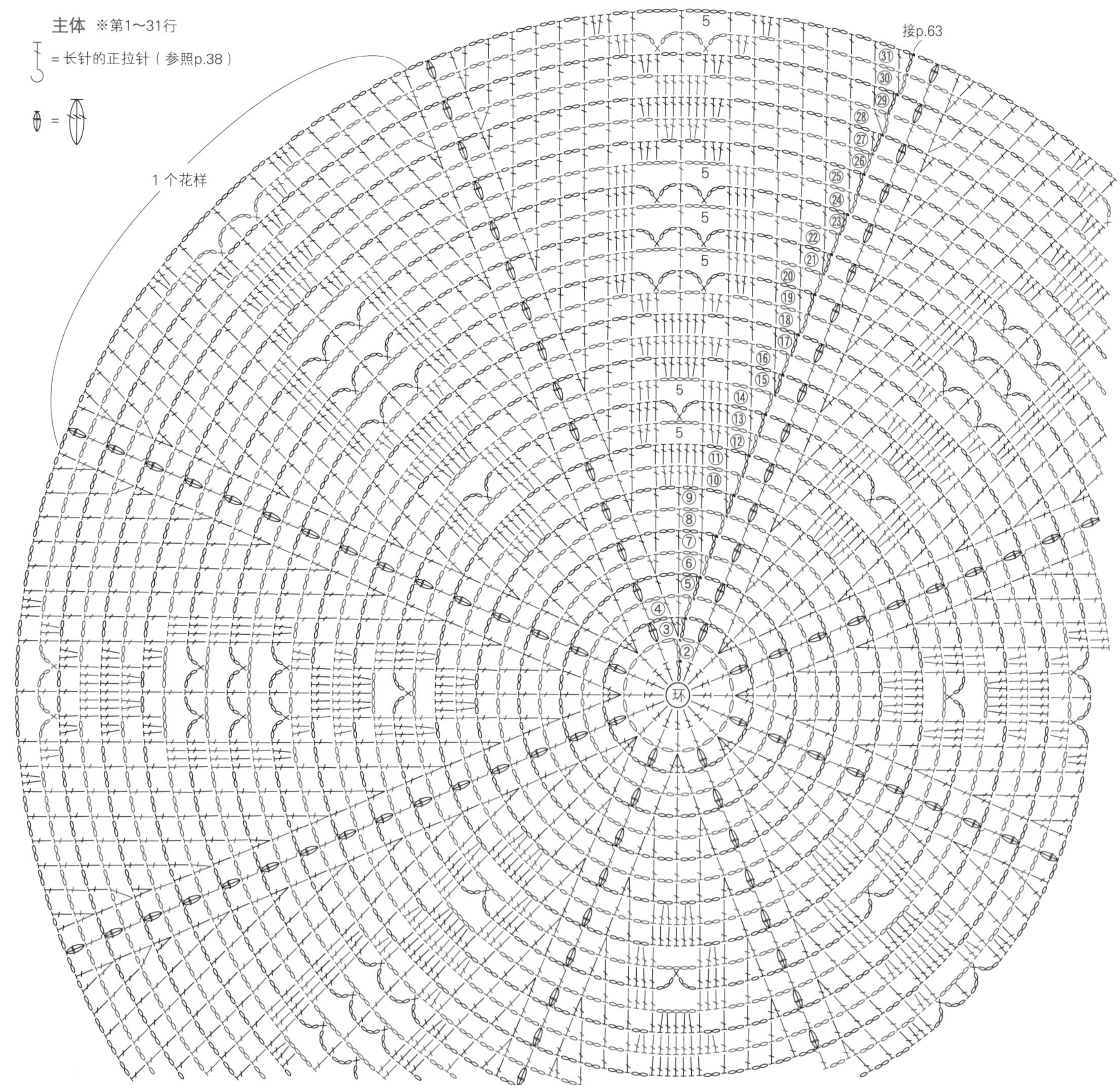

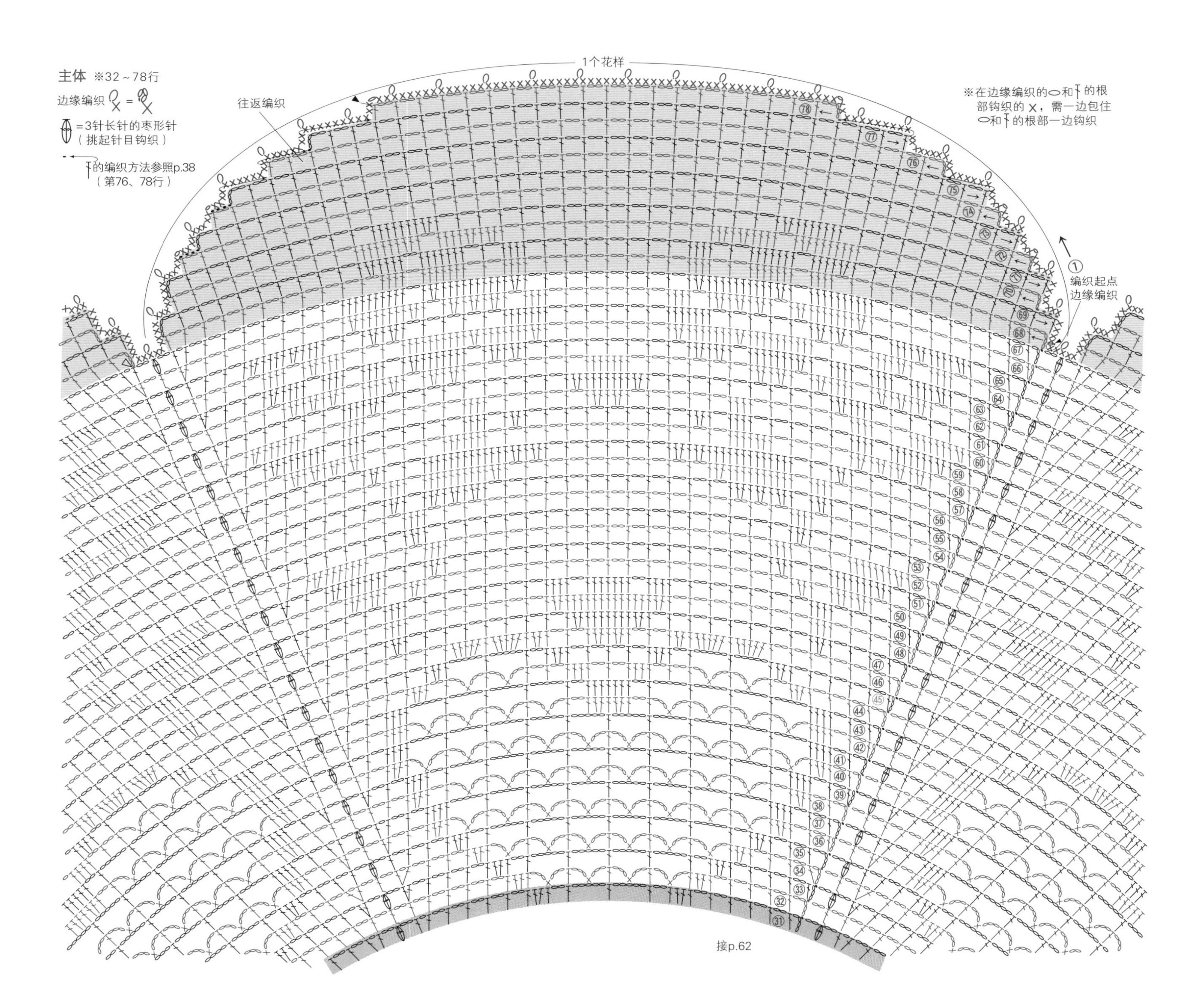
主体 ※32～78行
边缘编织
=3针长针的枣形针
（挑起针目钩织）
的编织方法参照p.38
（第76、78行）
往返编织
1个花样
※在边缘编织的○和的根
部钩织的X，需一边包住
○和的根部一边钩织
①
编织起点
边缘编织
31
32
33
34
35
36
37
38
39
40
41
42
43
44
45
46
47
48
49
50
51
52
53
54
55
56
57
58
59
60
61
62
63
64
65
66
67
68
69
70
71
72
73
74
75
76
77
78
接p.62

P 椭圆形蕾丝垫 图片 p.24 重点教程 p.38

＊线 奥林巴斯

Emmy Grande ／米白色（804）…33g

＊针 蕾丝针0号

＊尺寸 26cm×37cm

＊密度 长针／1行＝0.8cm

＊编织方法要点

主体从指定位置开始钩织，第1行钩织连编花片。

第2～21行参照编织图钩织。

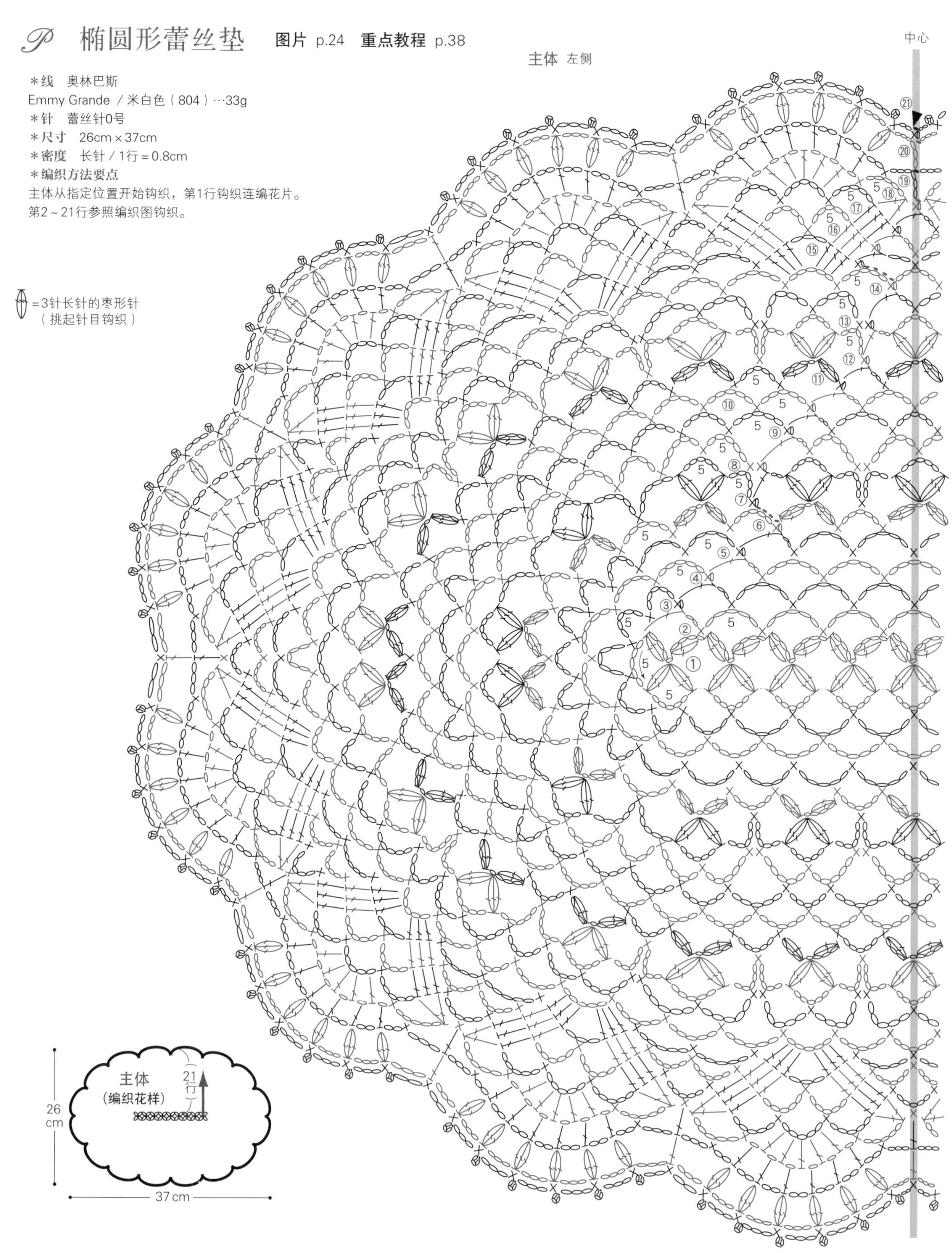

主体 右侧

※第1行的编织方法参照p.38
※请将p.64、p.65的 ▨ 对齐重叠观看

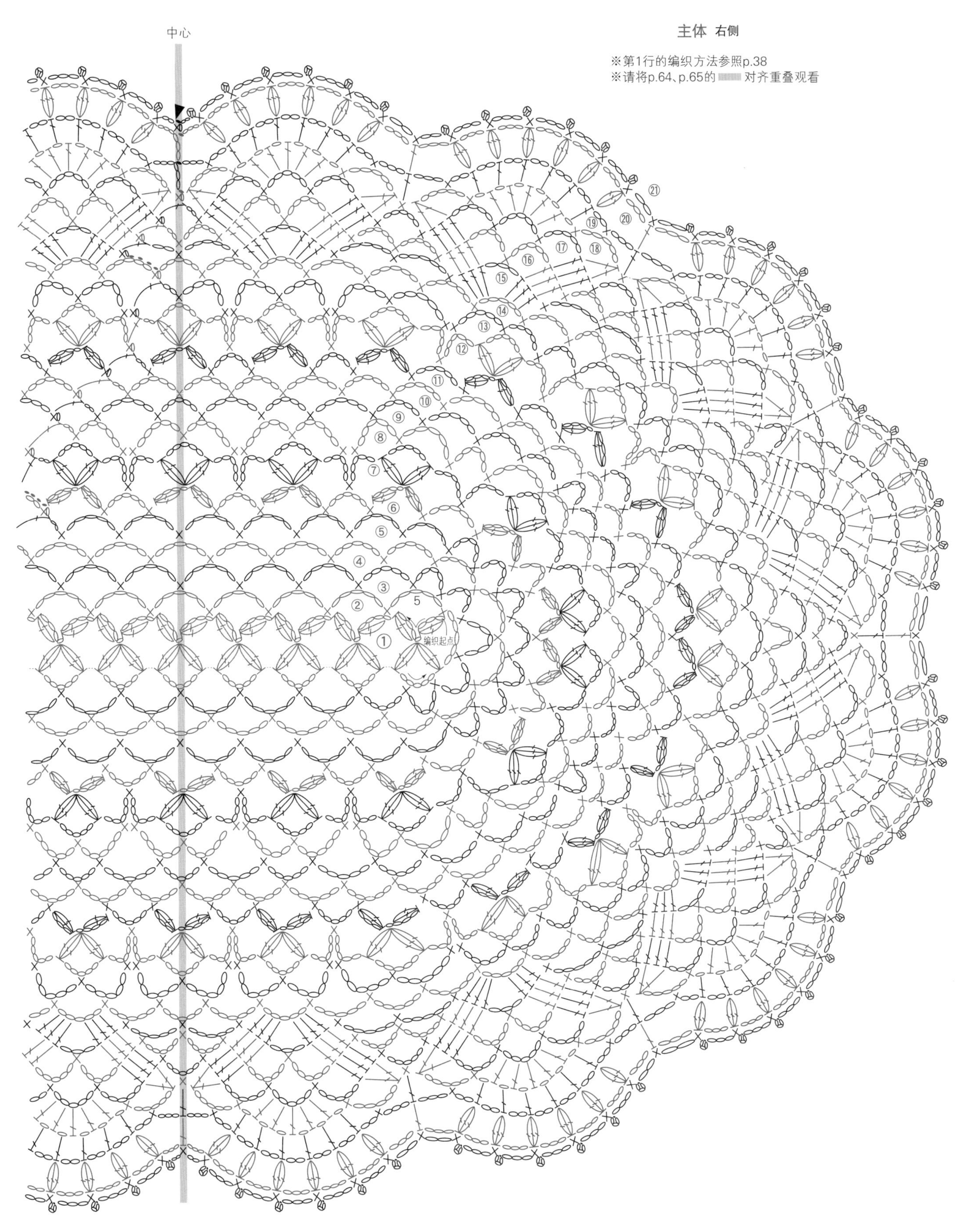

Q 椭圆形蕾丝垫 **图片** p.24、p.25 **重点教程** p.38

＊线 DARUMA
蕾丝线＃ 30 葵 / 米白色（15）…36g
＊针 蕾丝针4号
＊尺寸 23cm×40cm
＊密度 长针 / 1行＝0.6cm
＊编织方法要点
从主体的连接花片开始钩织。花片❶环形起针开始钩织，参照编织图钩织4行。然后将花片❷按照与花片❶相同的方法进行钩织，一边钩织第4行，一边与花片❶连接在一起（参照p.38）。按照相同的方法，将花片连接至⓳。在花片⓳的指定位置上加线，在连接花片的外围，参照编织图钩织14行。

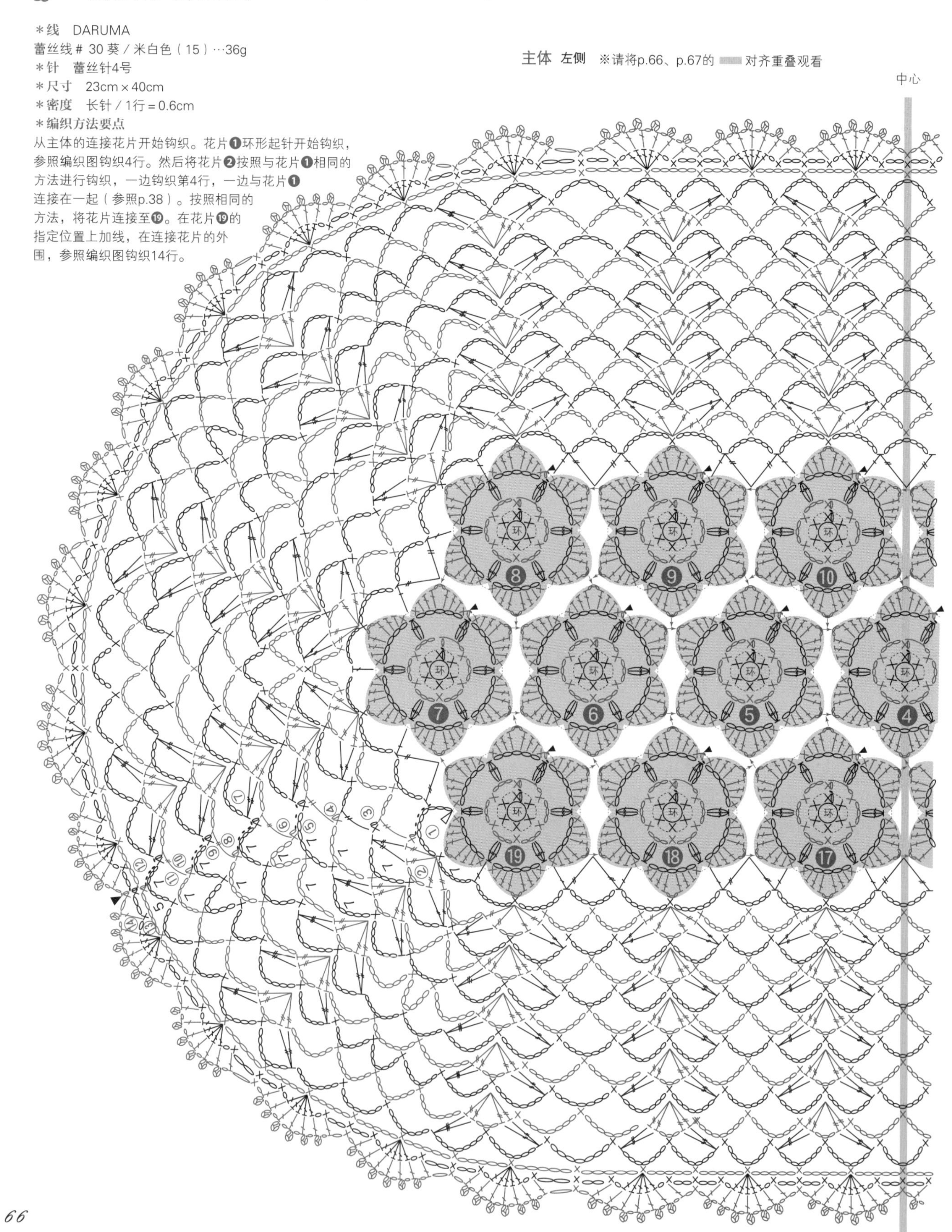

主体 右侧
中心
主体
（编织花样）
14行
（连接花片）
※按照❶～⓳的顺序连接
24.5cm
40cm
环

T、*U* 玫瑰图案装饰垫 图片 p.28、p.29

＊线 DMC

T：Cébélia 10 号 / 米白色（3865）…22g，粉色（224）、浅橙色（754）…各 8g，黄绿色（989）…6g

U：Cébélia 10 号 / 米白色（3865）…22g、酒红色（816）…16g、橄榄绿色（3364）…6g

＊针 蕾丝针2号

＊尺寸 直径28cm

＊密度 长针 / 1行 = 0.6cm

＊编织方法要点

主体钩织8针锁针起针，并制作成环。第1行钩织16针短针。第2～19行如图，将1个花样重复钩织16次。第20～27行重复钩织8次。分别钩织所需数量的玫瑰、叶子，将叶子缝在玫瑰的背面后，将玫瑰缝在主体的指定位置上。

主体配色表

行数	T	u
18、19	黄绿色	橄榄绿色
1～17、20～27	米白色	米白色

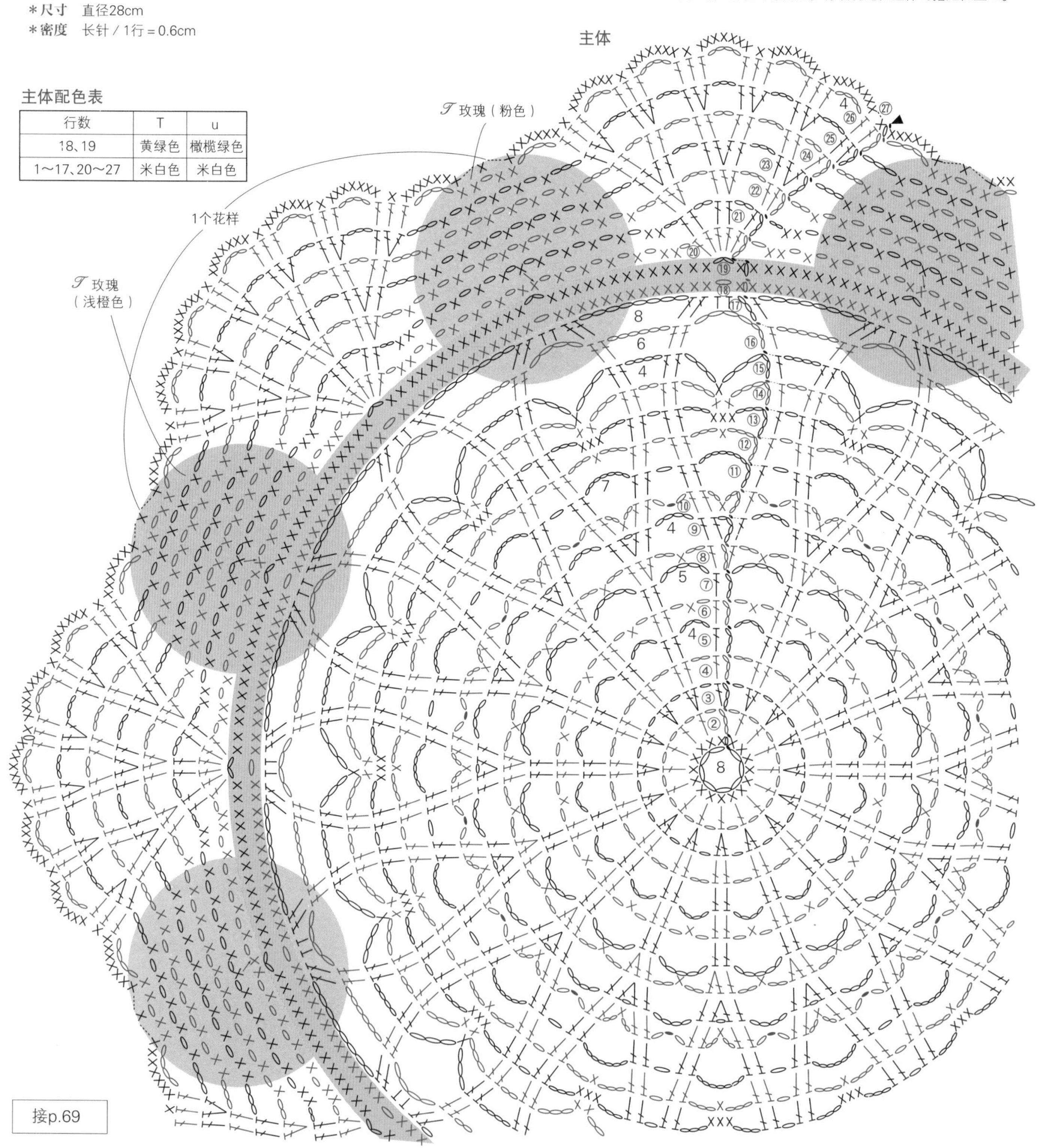

接p.69

接p.68

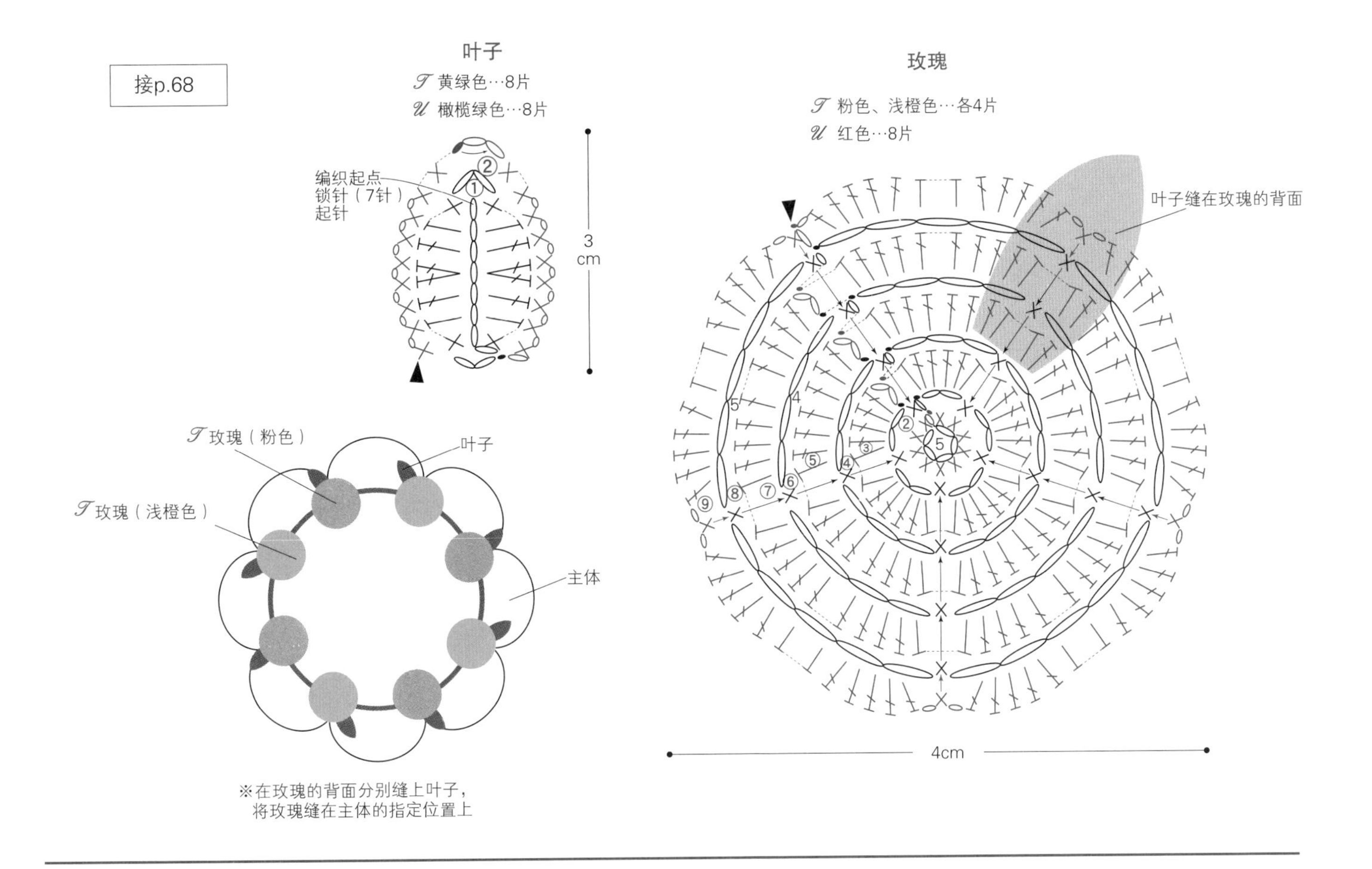

𝒱、𝒲 三色堇装饰垫 **图片** p.30、p.31 **重点教程** p.39

接p.70

＊**线** DMC

𝒱：Cébélia 10号／米白色（3865）…10g，浅紫色（211）、浅水蓝色（800）、黄绿色（989）…各6g，浅黄色（746）、蓝色（797）…各2g，浅黄色（745）……1g

𝒲：Cébélia 10号／米白色（3865）…10g，紫色（550）、蓝色（797）…各7g，橄榄绿色（3364）…6g，藏青色（823）…2g，黄色（726）…1g

＊**针** 蕾丝针2号

＊**尺寸** 直径27cm

＊**密度** 长针／1行＝0.6cm

＊**编织方法要点**

主体钩织16针锁针起针，并制作成环。第1行钩织24针短针。第2～15行如图所示钩织。第16行需换线钩织，第17行需一边将相邻的叶子相连一边钩织（参照p.39）。按照指定的配色钩织三色堇。在连接位置，将主体、叶子和右边的三色堇一边相连一边钩织（参照p.39）。

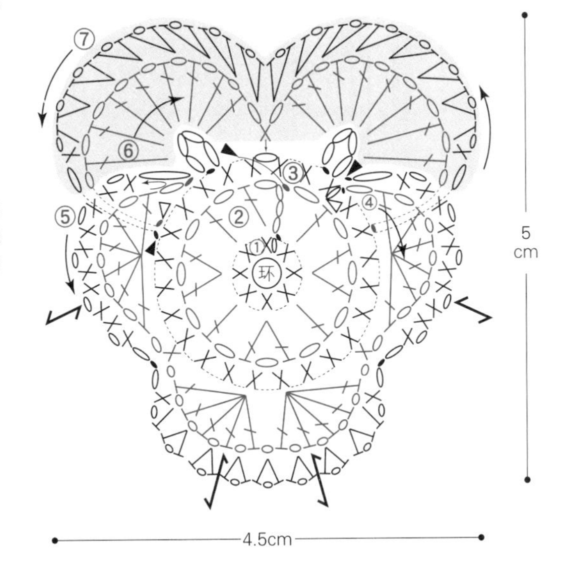

𝒱 **配色表** A、B、C、D…各3片

行数	A	B	C	D
5～7	浅紫色	浅水蓝色	浅紫色	浅水蓝色
3、4			浅黄色	浅黄色
2	蓝色	蓝色	蓝色	蓝色
1	浅黄色	浅黄色	浅黄色	浅黄色

𝒲 **配色表** A、B、C、D…各3片

行数	A、C	B、D
3～7	紫色	蓝色
2	藏青色	藏青色
1	黄色	黄色

主体配色表

行数	*V*	*W*
16～17	黄绿色	橄榄绿色
1～15	米白色	米白色

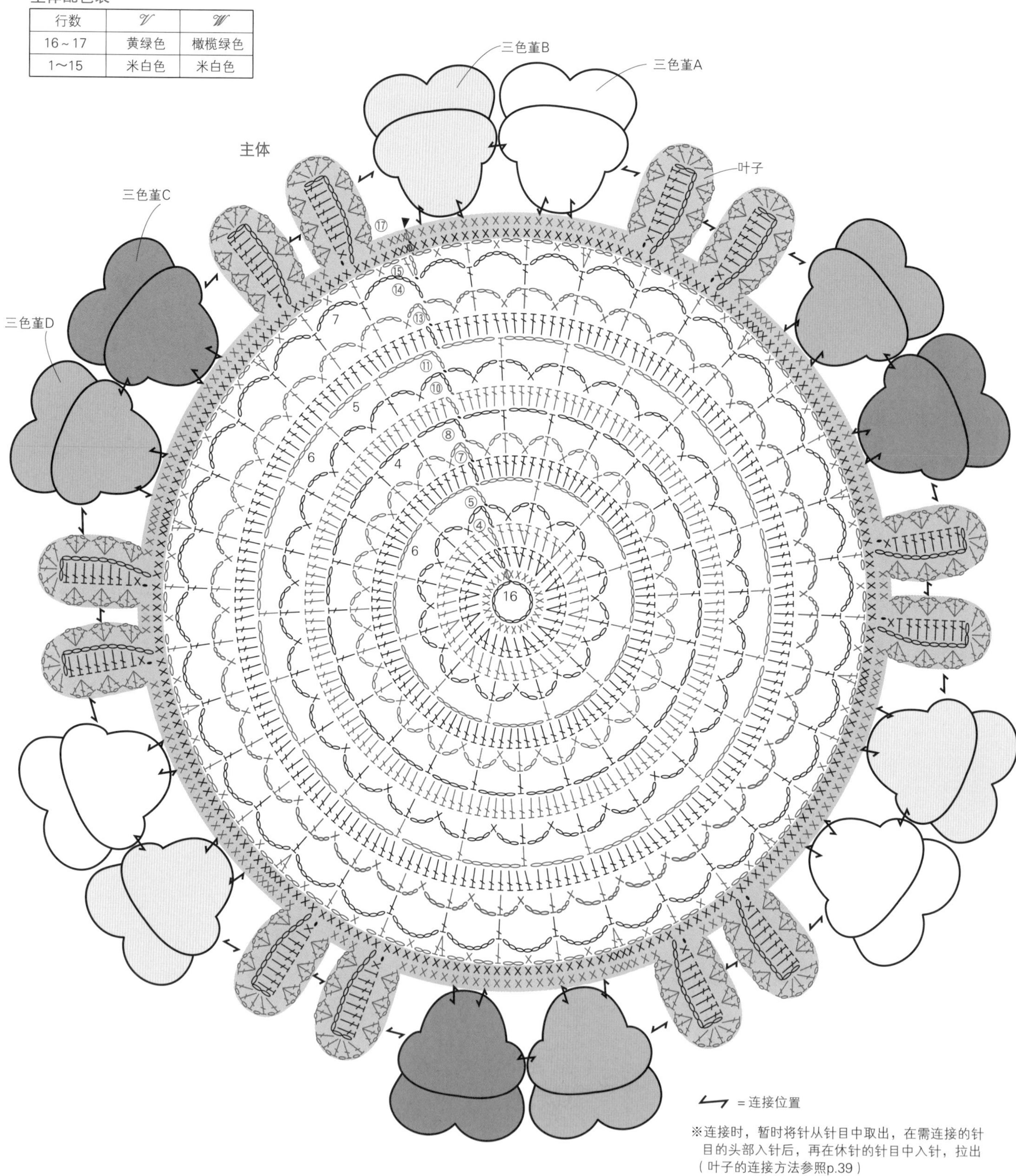

※连接时，暂时将针从针目中取出，在需连接的针目的头部入针后，再在休针的针目中入针，拉出（叶子的连接方法参照p.39）

X 迷你玫瑰台心布 图片 p.32

*线　DMC

Cébélia 10 号 / 白色（BLANC）…16g，酒红色（816）、粉色（3326）、黄绿色（989）、橄榄绿色（3364）……各少量

*针　蕾丝针4号

*尺寸　直径21cm

*密度　长针 / 1行＝0.6cm

***编织方法要点**

主体环形起针开始钩织，第1行钩织3针锁针做起立针，钩织15针长针。第2～18行如图所示钩织。分别钩织所需数量的玫瑰、叶子，将叶子缝在主体的指定位置后，在上面缝上做好的玫瑰。

玫瑰和叶子的组合配色表

	A	B
玫瑰	酒红色	粉色
叶子	黄绿色	橄榄绿色

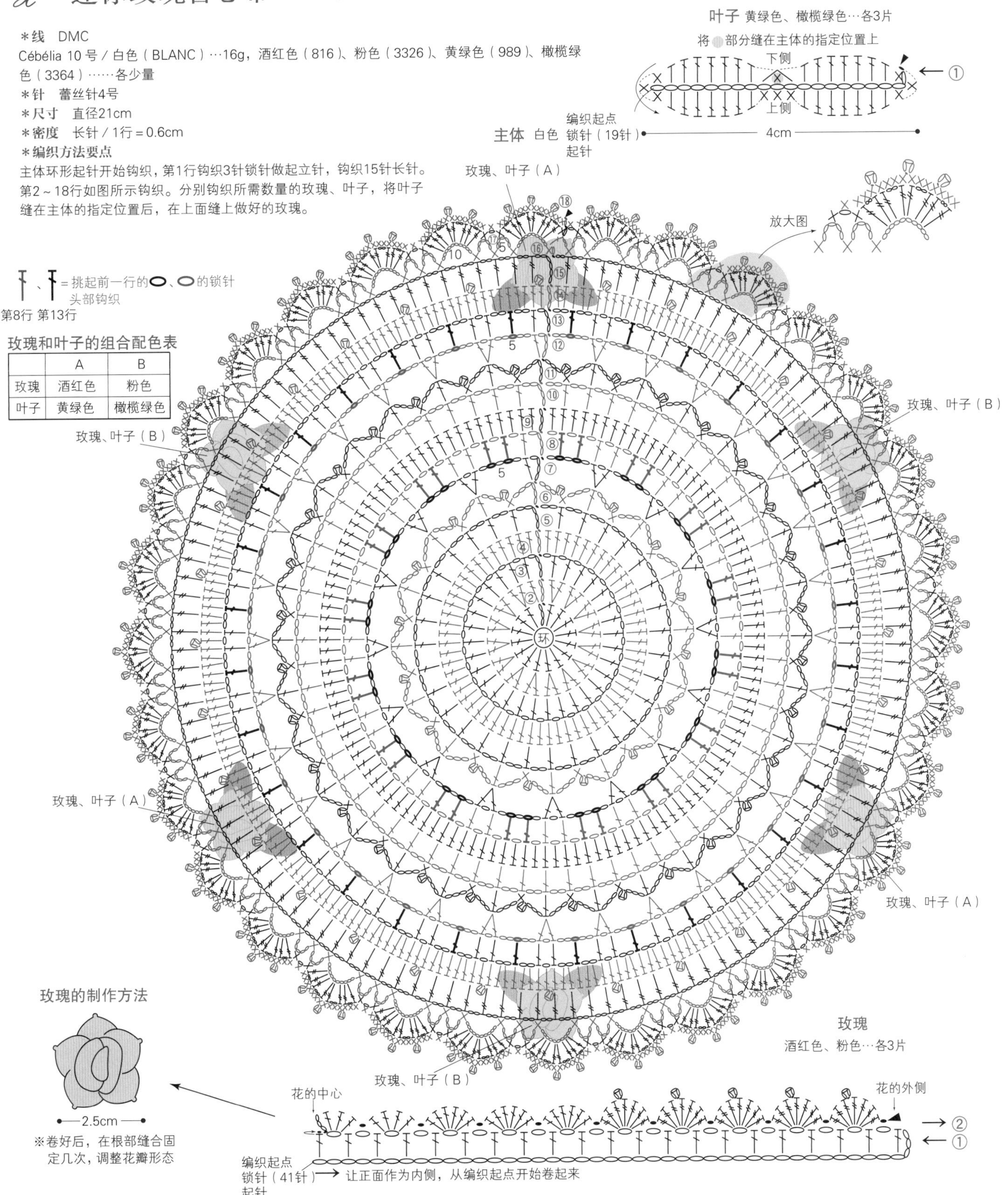

Y 迷你玫瑰台心布 **图片** p.32、p.33

＊线 DMC
Cébélia 10 号 / 白色（BLANC）…30g，金黄色（743）、浅黄色（745）、黄绿色（989）、橄榄绿色（3364）……各少量
＊针 蕾丝针4号
＊尺寸 26cm × 34cm
＊密度 长针 / 1行 = 0.5cm
＊编织方法要点
主体钩织17针锁针起针。从锁针的外围挑针，钩织第1行。第2～22行如图所示钩织。分别钩织所需数量的玫瑰、叶子，将叶子缝在主体的指定位置后，在上面缝上做好的玫瑰。

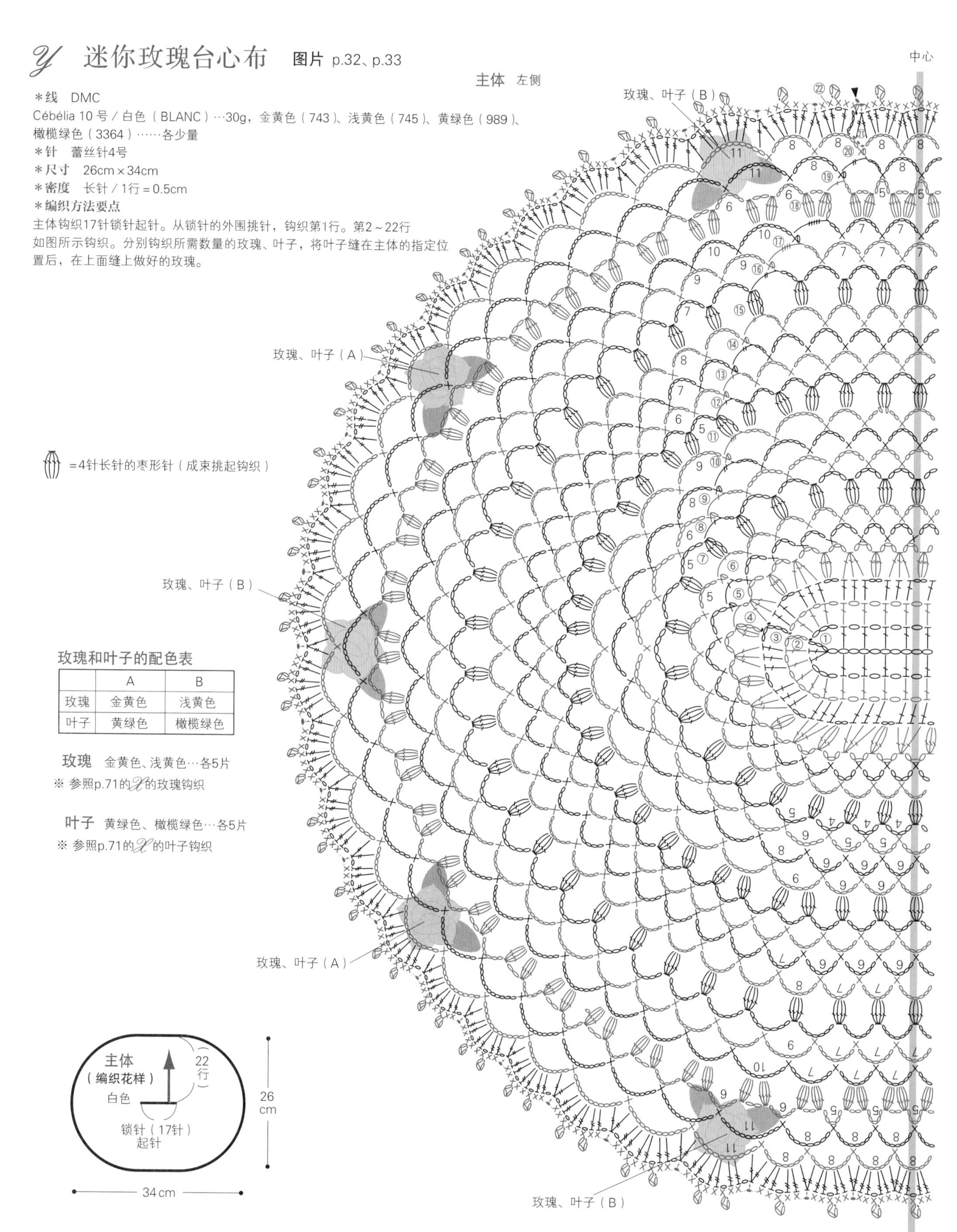

玫瑰和叶子的配色表

	A	B
玫瑰	金黄色	浅黄色
叶子	黄绿色	橄榄绿色

玫瑰 金黄色、浅黄色…各5片
※ 参照p.71的*X*的玫瑰钩织

叶子 黄绿色、橄榄绿色…各5片
※ 参照p.71的*X*的叶子钩织

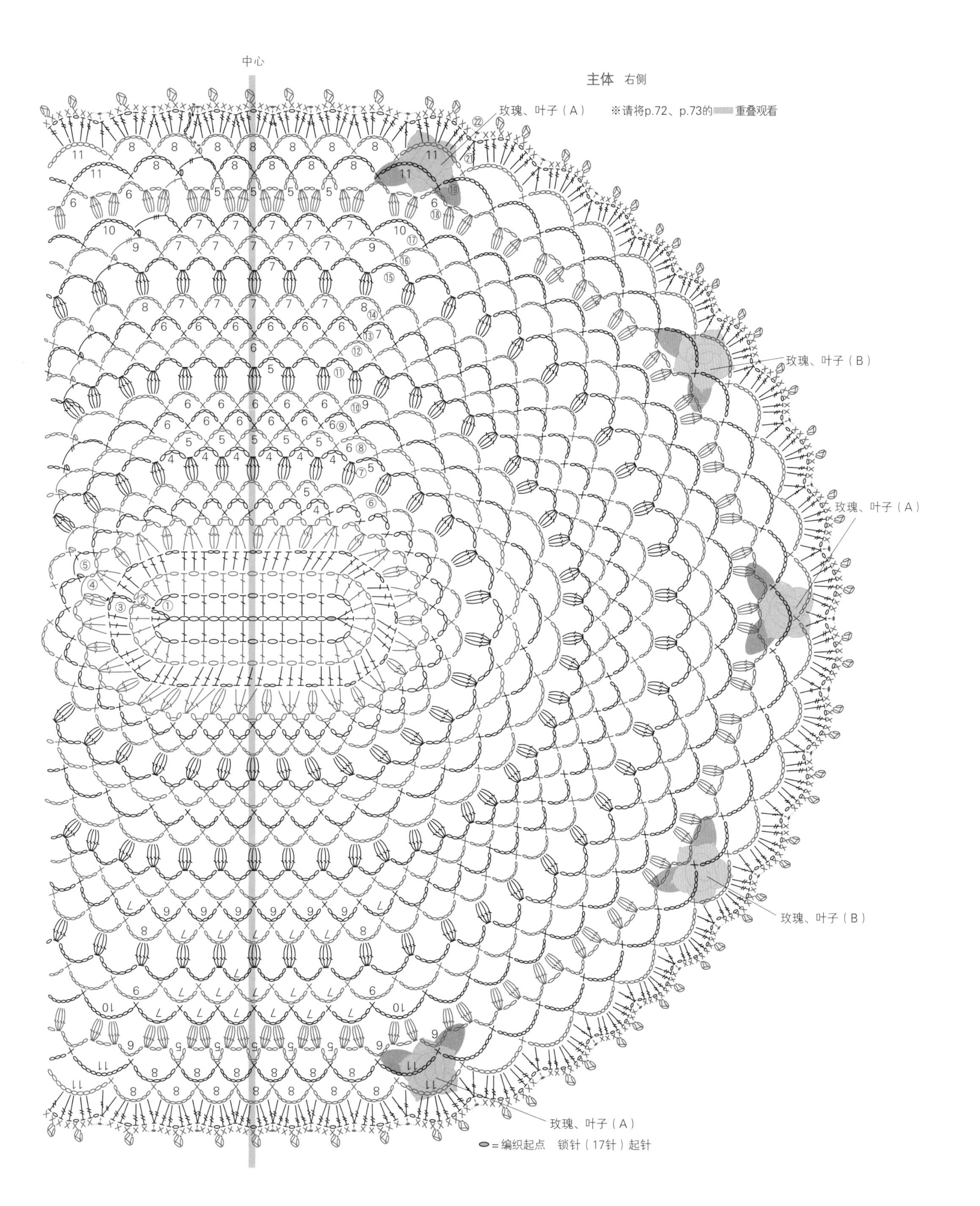

中心
主体 右侧
玫瑰、叶子（A）
※请将p.72、p.73的▬重叠观看
玫瑰、叶子（B）
玫瑰、叶子（A）
玫瑰、叶子（B）
玫瑰、叶子（A）
⬬=编织起点 锁针（17针）起针

Z 繁花似锦台心布 **图片** p.34、p.35

＊线 DMC

Cébélia 10 号 / 米白色（3865）…50g，黄绿色（989）、浅粉色（818）、白色（BLANC）、浅紫色（211）、浅黄色（745）、浅水蓝色（800）……各少量

＊针 蕾丝针4号

＊尺寸 32cm×37cm

＊密度 长针 / 1行＝0.6cm

＊编织方法要点

主体钩织4针锁针的狗牙针（★），参照编织图钩织起针。第1～29行如图所示钩织。分别钩织所需数量的玫瑰、雏菊、花蕾、小花、叶子，先将叶子缝在主体的指定位置上，然后将玫瑰、雏菊、花蕾、小花缝在主体的指定位置上。

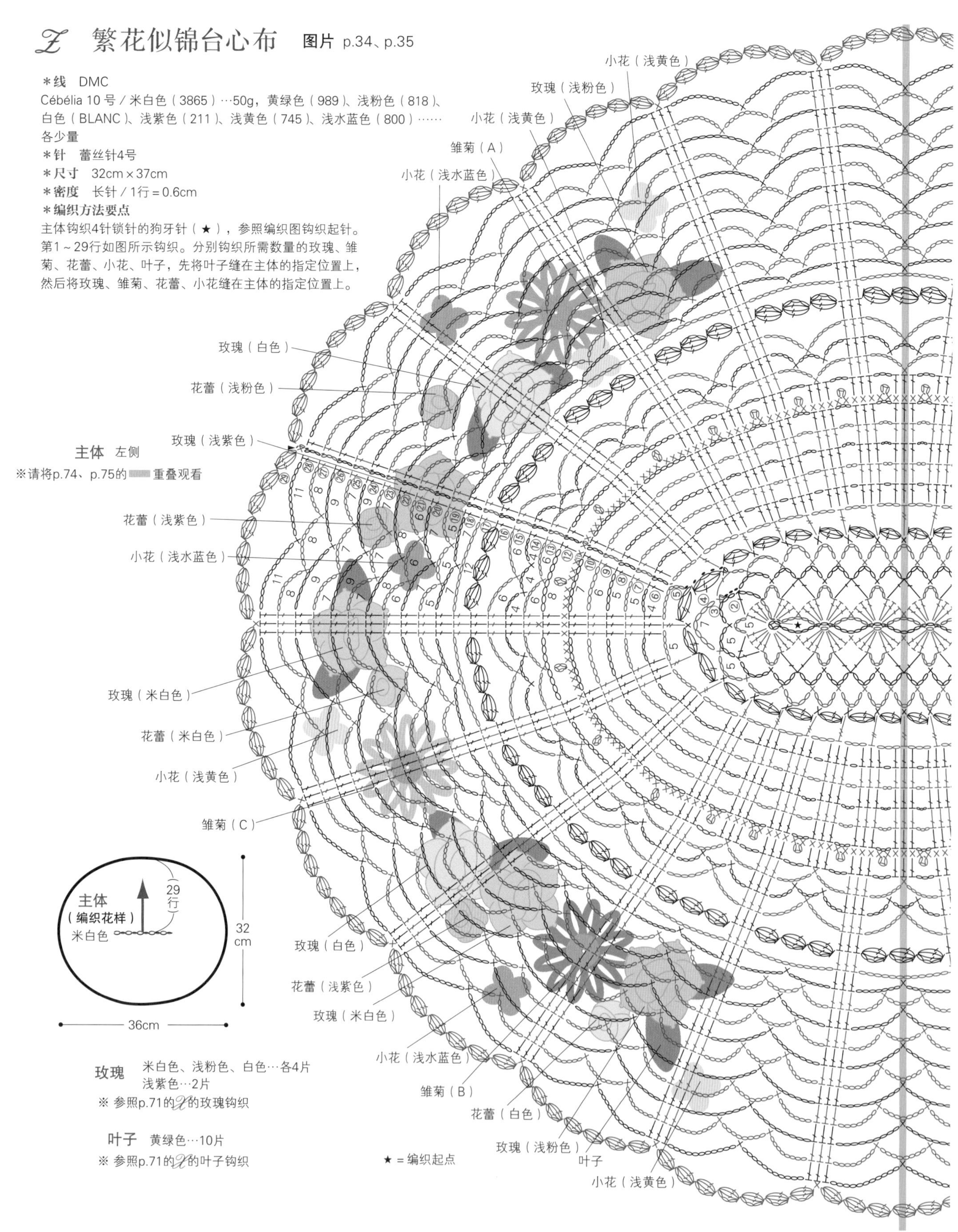

玫瑰 米白色、浅粉色、白色…各4片
浅紫色…2片
※ 参照p.71的*X*的玫瑰钩织

叶子 黄绿色…10片
※ 参照p.71的*X*的叶子钩织

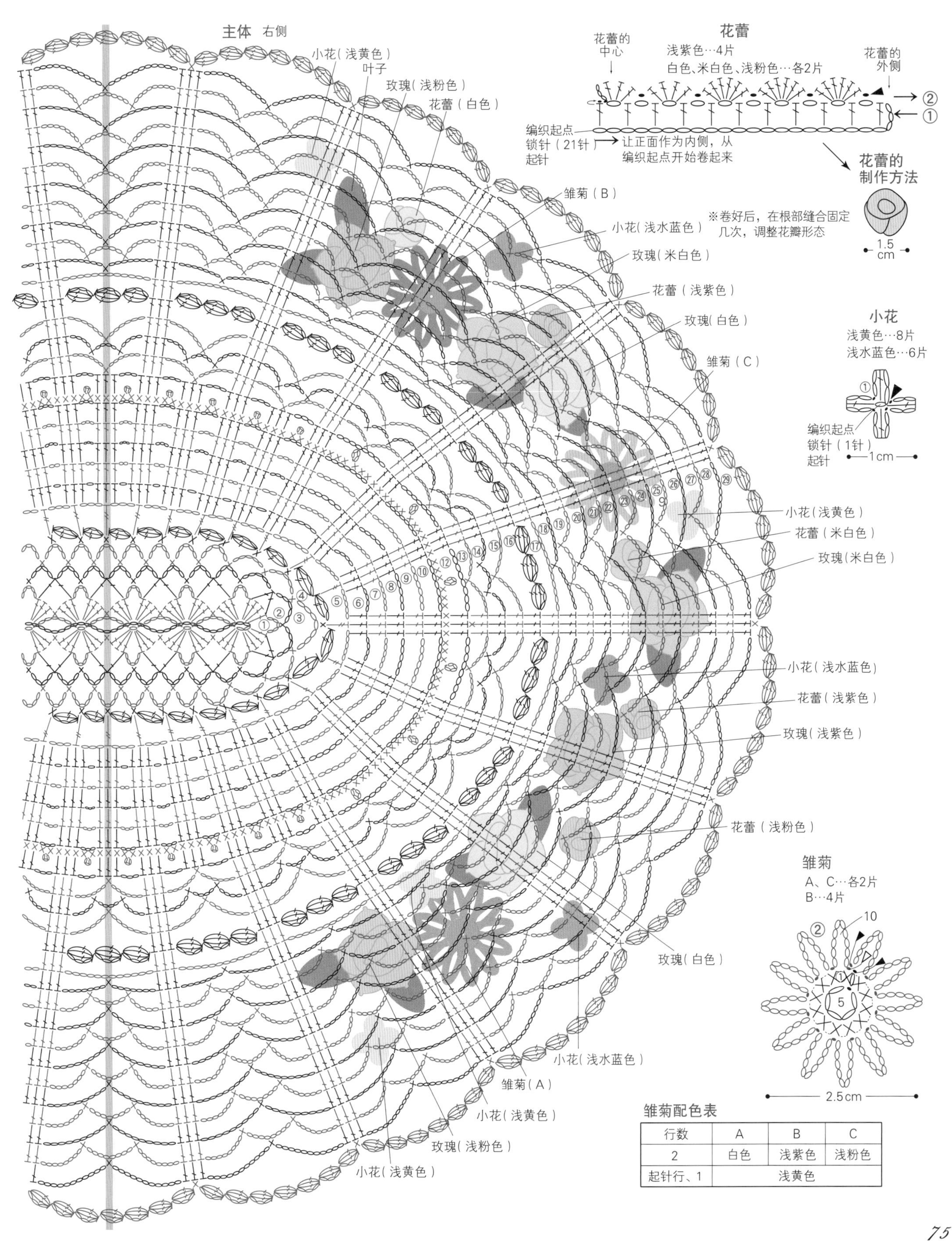

雏菊配色表

行数	A	B	C
2	白色	浅紫色	浅粉色
起针行、1	浅黄色		

基础技巧 钩针编织的基础

编织图的看法

根据日本工业标准（JIS）规定，编织图均为从正面看到的标记。
在钩针编织中，没有上针和下针的区别（上拉针除外），
即使是在交替看着正面与反面进行钩织的平针编织中，符号的标记也是相同的。

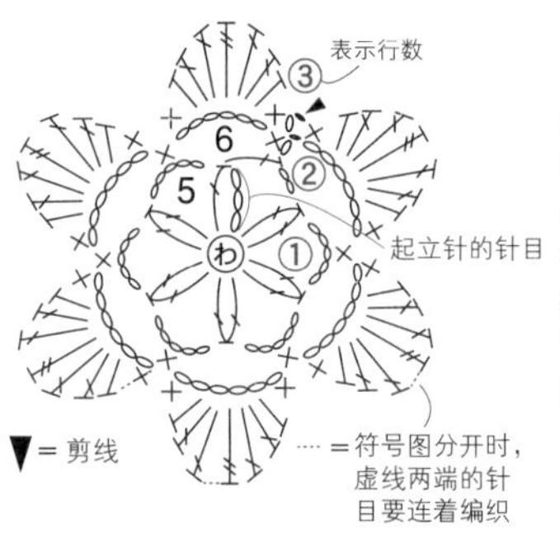

从中心钩织成环时

在中心编织圆环（或锁针），然后一圈一圈钩织。在各行的起点钩织起立针，一行一行钩织下去。通常都是看着织片的正面，从右向左看着编织图钩织。

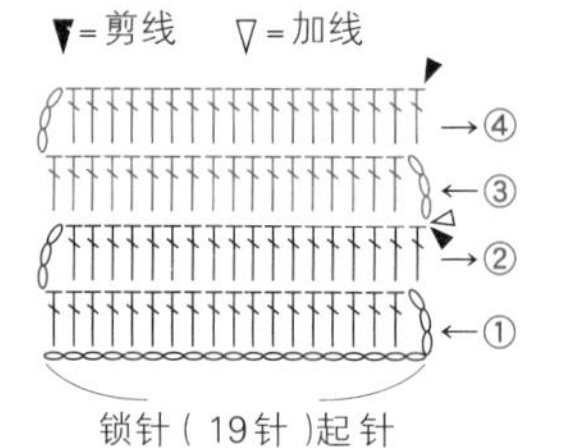

平针编织时

以左右的起立针为标志，基本编织方法是：右侧出现起立针时就看着织片的正面，从右向左参照编织图钩织；左侧出现起立针时就看着背面，从左向右参照编织图钩织。图为在第3行更换了配色线的编织图。

锁针的看法

锁针的针目有正、反面之分。在反面的中间有1根线，这个位置叫作锁针的“里山”。

线和针的拿法

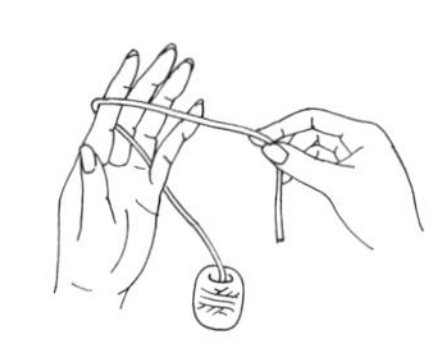

1 将线从左手的小指和无名指之间拉出至前面。挂在左手食指上，将线头拉至前面。

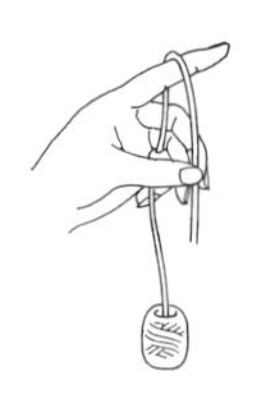

2 用左手的拇指和中指捏住线头，立起食指，将线拉紧。

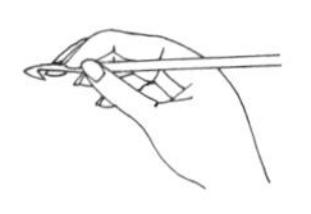

3 用右手的拇指和食指握住针，中指轻轻托住针尖。

最初的针目的制作方法

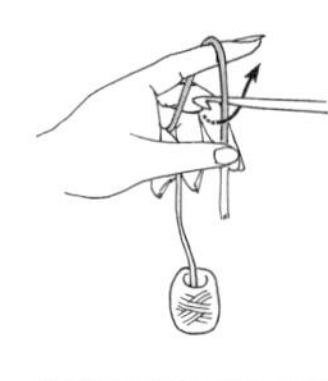

1 将针从线的后面，如箭头所示转动针尖。

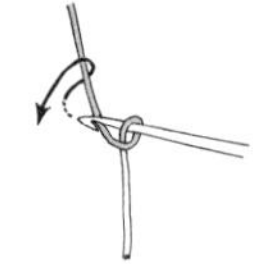

2 再次在针尖上挂线。

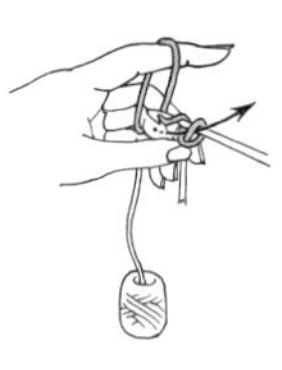

3 穿过线圈，将线拉出至前面。

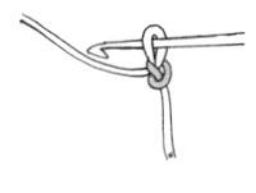

4 拉出线头，拉紧针目，最初的针目就完成了（这个针目不算作第1针）。

起针

从中心钩织成环时
（用线头制作圆环）

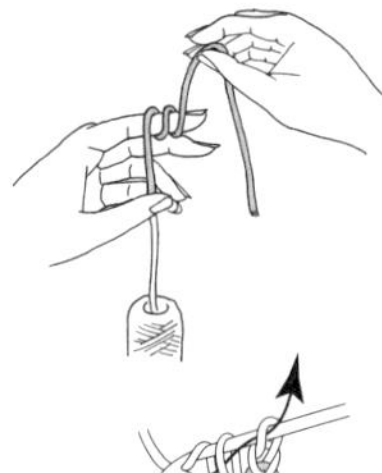

1 在左手的食指上绕2次线，制作圆环。

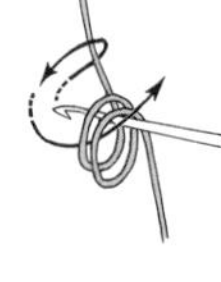

2 摘下圆环后用手拿住，在圆环中入针，挂线，拉至前面。

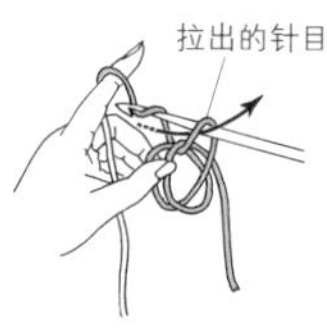

3 再次在针尖上挂线并将线拉出，钩织1针立起的锁针。

4 第1行均在圆环中入针，钩织所需数目的短针。

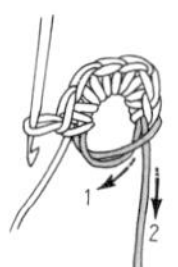

5 暂时将针抽出，拉住最初的线1和线头2，拉紧。

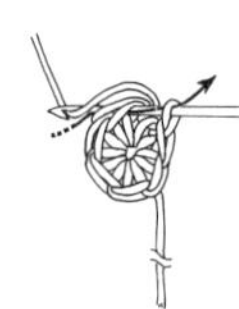

6 第1行的结尾，需在最初的短针头部入针后引拔。

从中心钩织成环形时
（用锁针制作圆环）

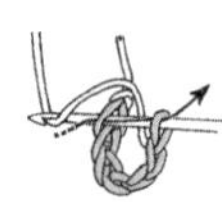

1 钩织所需数目的锁针，在第1个锁针的半针中入针，引拔出。

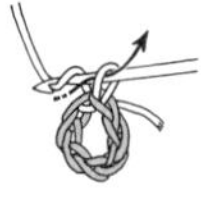

2 在针尖上挂线，将线拉出。这就是立起的锁针。

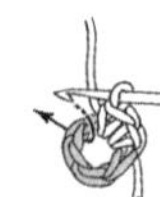

3 第1行需在圆环的中心入针，成束挑起锁针，钩织所需数目的短针。

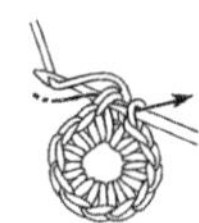

4 第1行的最后，在最初的短针头部入针，挂线后引拔。

平针编织时

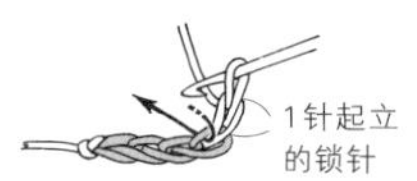

1 钩织所需数目的锁针和立起的锁针，从顶端起第2针锁针中入针，挂线后拉出。

2 在针尖上挂线，如箭头所示，挂线后引拔出。

3 第1行钩织好的样子（1针立起的锁针不算作1针）。

挑起前一行的针目

即使是相同的枣形针，符号图不同，挑针方法也不同。符号图的下方闭合时，需在前一行的1个针目中入针钩织；符号图的下方分开时，需成束挑起前一行的锁针钩织。

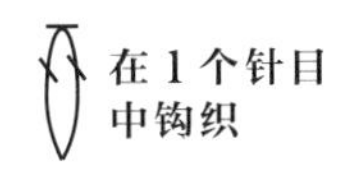

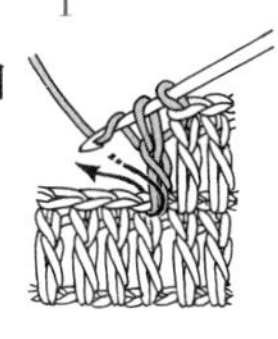

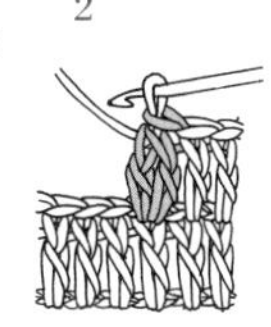

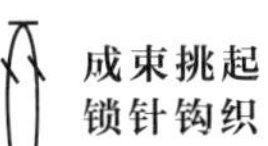

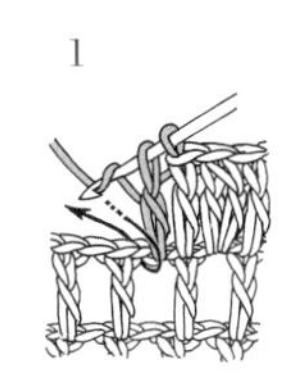

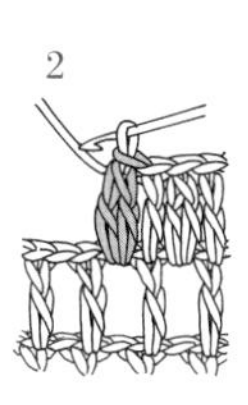

针法符号

锁针

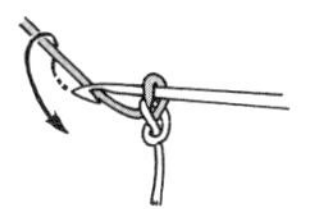

1 钩织最初的针目，在针尖上挂线。

2 将线拉出，完成锁针。

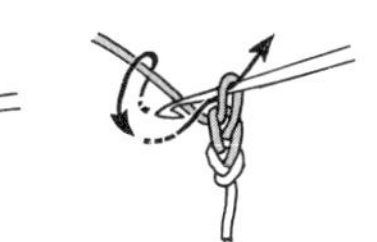

3 重复步骤1、2。

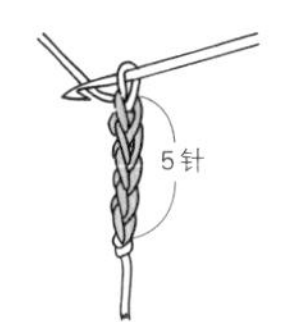

4 完成5针锁针。

引拔针

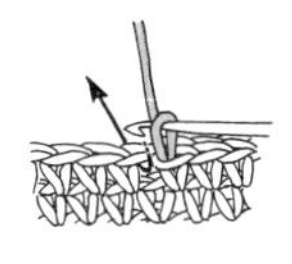

1 在前一行的针目中入针。

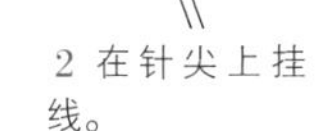

2 在针尖上挂线。

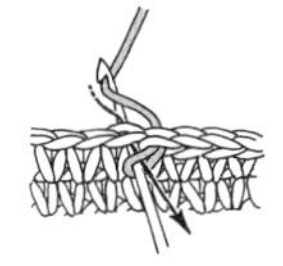

3 将线一次性引拔出。

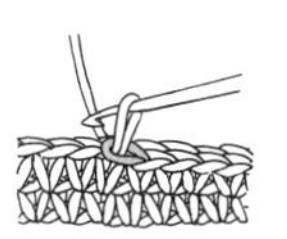

4 完成1针引拔针。

短针

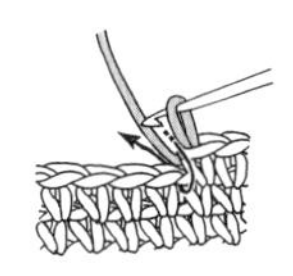

1 在前一行的针目中入针。

2 在针尖上挂线，将线圈拉出至前面（这个状态叫“未完成的短针”）。

3 再次在针尖上挂线，一次性引拔穿过2个线圈。

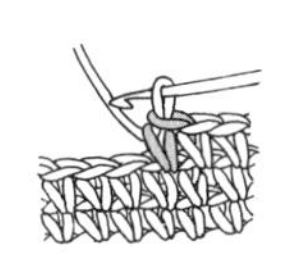

4 完成1针短针。

中长针

1 在针尖上挂线，在前一行的针目中入针。

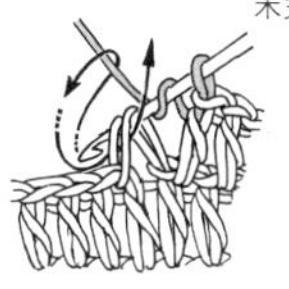

2 再次在针尖上挂线，拉出至前面（这个状态叫“未完成的中长针”）。

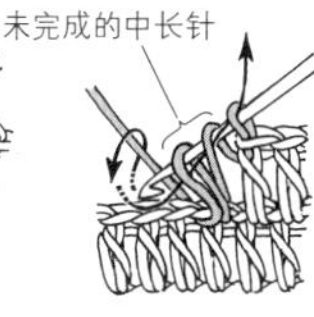

3 在针尖上挂线，一次性引拔穿过3个线圈。

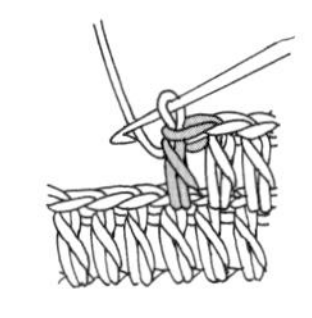

4 完成1针中长针。

长针

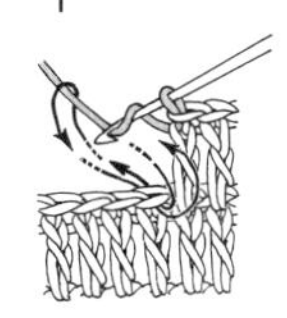

1 在针尖上挂线，在前一行的针目中入针，再次在针尖上挂线，将线拉出至前面。

2 如箭头所示，在针尖上挂线，一次性引拔穿过2个线圈（这个状态叫“未完成的长针”）。

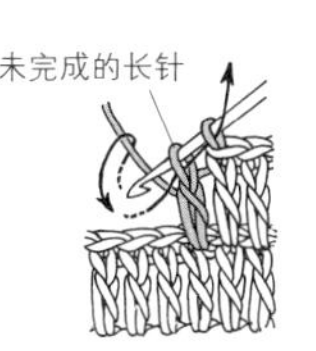

3 再次在针尖上挂线，如箭头所示一次性引拔穿过余下的2个线圈。

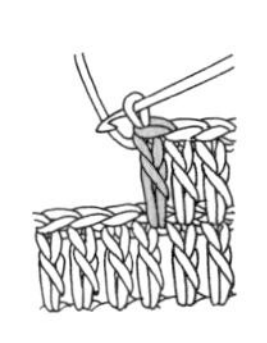

4 完成1针长针。

长长针　3卷长针

※（　）内为3卷长针所需的次数

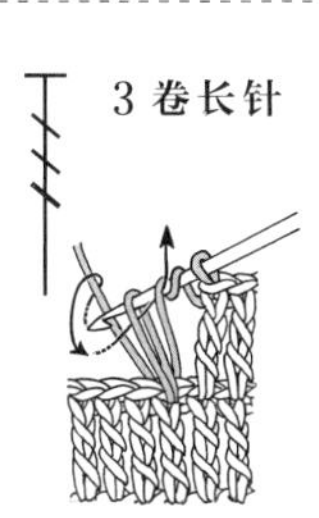

1 在针尖上挂2次（3次）线，在前一行的针目中入针，在针尖上挂线后将线拉出至前面。

2 如箭头所示，在针尖上挂线，引拔穿过2个线圈。

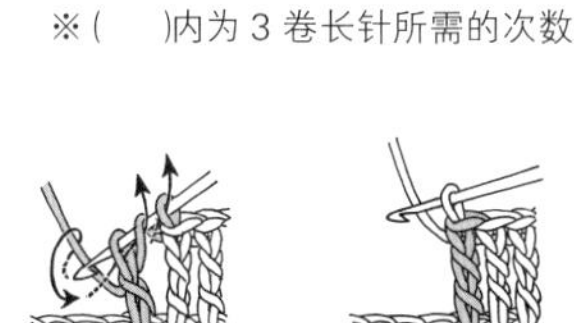

3 重复2次（3次）与步骤2相同的操作。

4 完成1针长长针。

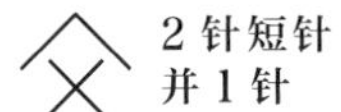

2针短针并1针

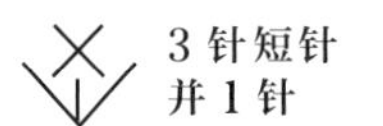

3针短针并1针

※（ ）内为3针短针并1针所需的挂线次数

1 在前一行的1个针目中，如箭头所示入针，挂线拉出。

2 下一针也按照相同的方法，拉出（3针并1针时，再下1针也同时引拔）。

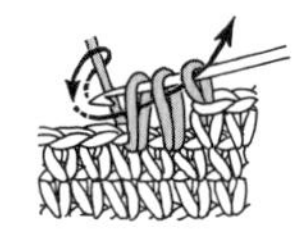

3 在针尖上挂线，一次性引拔穿过3（4）个线圈。

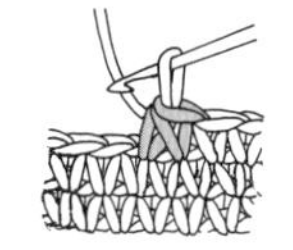

4 完成1针。比前一行减少了1（2）针。

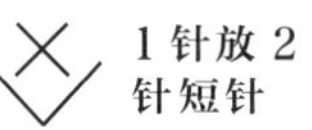

1针放2针短针

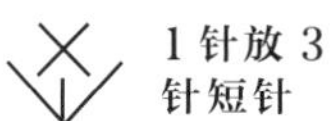

1针放3针短针

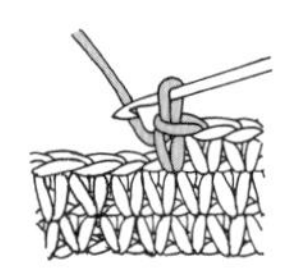

1 钩织1针短针。

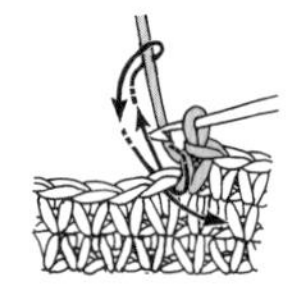

2 在同一针目中入针，挂线拉出，钩织短针。

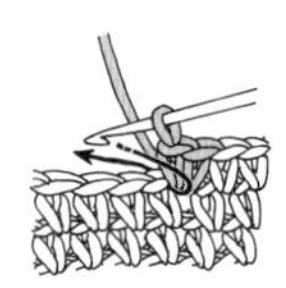

3 钩织了2针短针的样子。钩织1针放3针短针时，就在同一针目中再钩织1针短针。

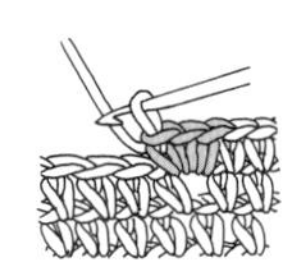

4 在前一行的1个针目中，钩织了3针短针的样子。比前一行增加了2针。

2针长针并1针

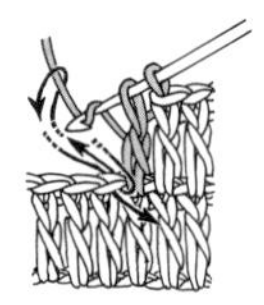

1 在前一行的针目中钩织1针未完成的长针，然后在下1针中如箭头所示挂线后入针，将线拉出。

2 在针尖上挂线，引拔穿过2个线圈，钩织2针未完成的长针。

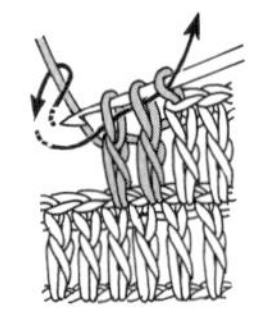

3 在针尖上挂线，一次性引拔穿过3个线圈。

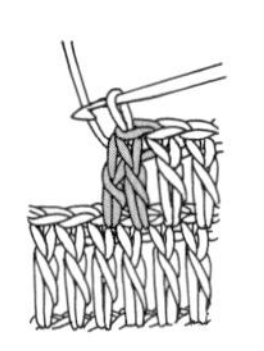

4 完成2针长针并1针。比前一行减少了1针。

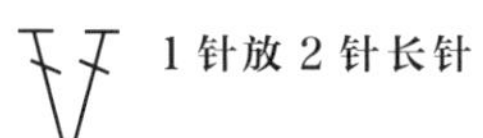

1针放2针长针

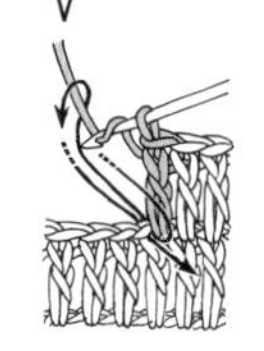

1 在钩织好1针长针的同一针目中，再次钩入长针。

2 在针尖上挂线，引拔穿过2个线圈。

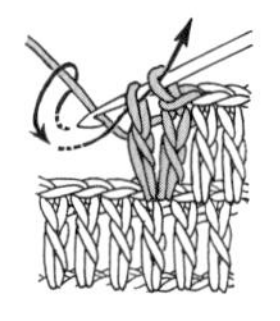

3 再次在针尖上挂线，引拔穿过余下的2个线圈。

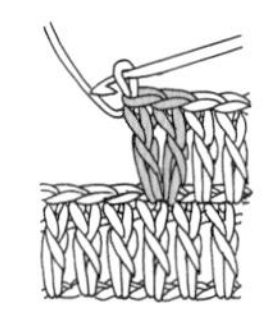

4 在1个针目中钩织了2针长针的样子。比前1行增加了1针。

3针长针的枣形针

3针长长针的枣形针

※（ ）内为3针长长针的枣形针的情况

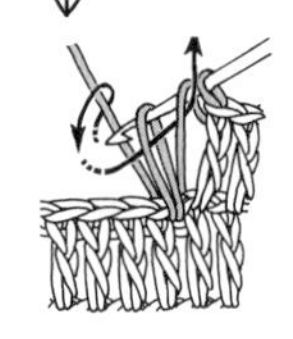

1 在前一行的针目中钩织未完成的长针（长长针）。

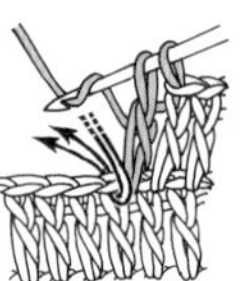

2 在同一针目中入针，继续钩织2针未完成的长针（长长针）。

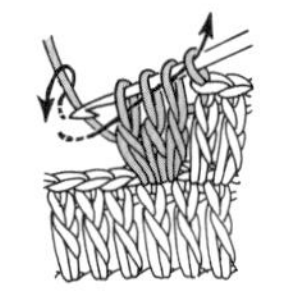

3 在针尖上挂线，一次性引拔穿过针上的4个线圈。

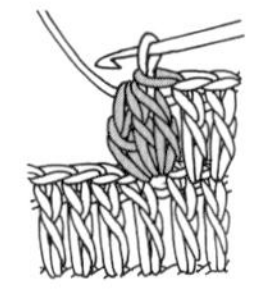

4 完成3针长针（长长针）的枣形针。

3针锁针的狗牙拉针

1 钩织3针锁针。

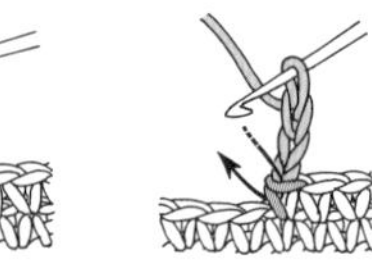

2 从短针的头部半针和根部1根线中入针。

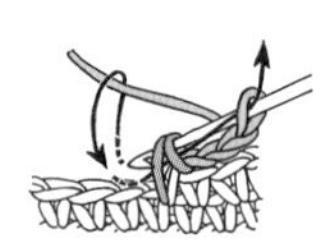

3 在针尖上挂线，如箭头所示，一次性引拔出。

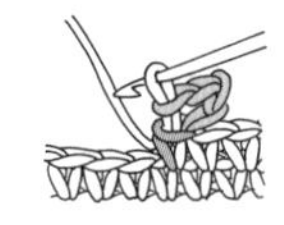

4 完成3针锁针的狗牙拉针。

短针的条纹针

※ 每一行都按照同一方向来钩织短针的条纹针

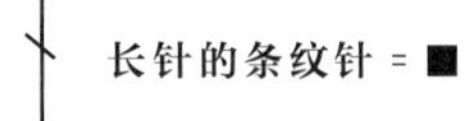

引拔针的条纹针 = ●

中长针的条纹针 = ▲

长针的条纹针 = ■

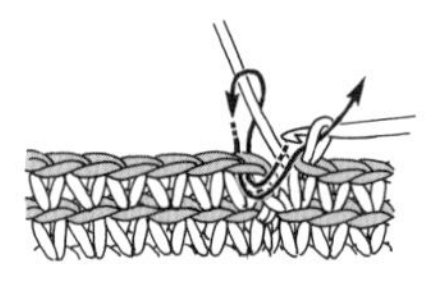

1 每行都看着正面钩织。钩织1行短针后，在最初的针目中引拔出。

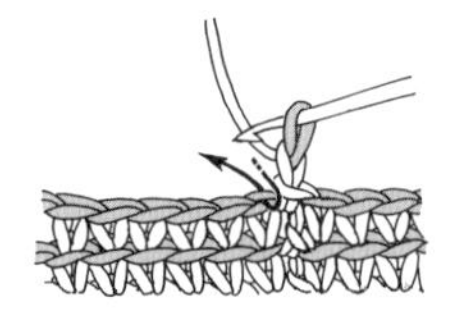

2 钩织1针（●＝不钩织立起的锁针、▲＝2针、■＝3针）立起的锁针，挑起前1行的后面半针，钩织短针（●＝引拔针、▲＝中长针、■＝长针）。

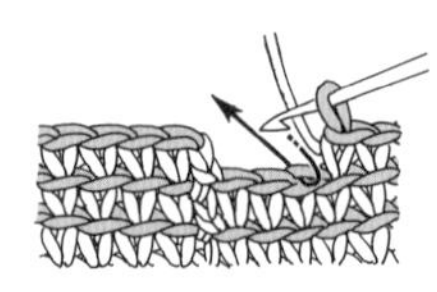

3 按照相同的方法，重复步骤2的要领，继续钩织短针（●＝引拔针、▲＝中长针、■＝长针）。

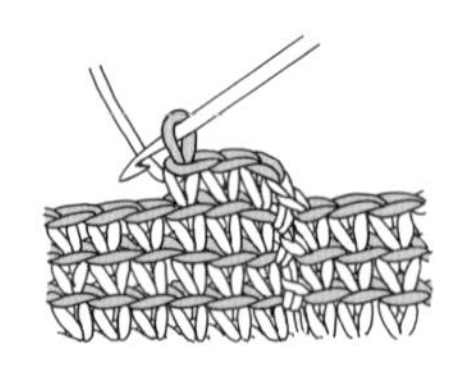

4 前一行的前面半针呈现条纹状。这是正在用短针的条纹针钩织第3行的样子。

长针的正拉针

※ 在往返编织时，看着背面钩织时，需钩织反拉针

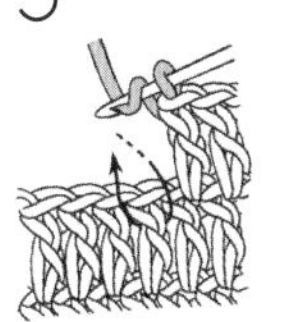

1 在针尖上挂线，在前一行的长针的根部，如箭头所示从前面入针。

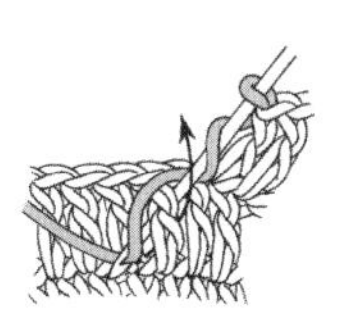

2 在针尖上挂线，拉出较长的线。

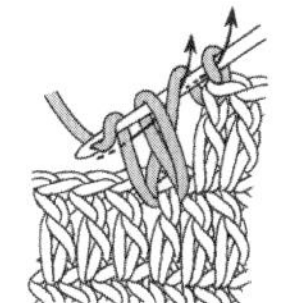

3 再次在针尖上挂线，引拔穿过 2 个线圈。再重复 1 次相同的动作。

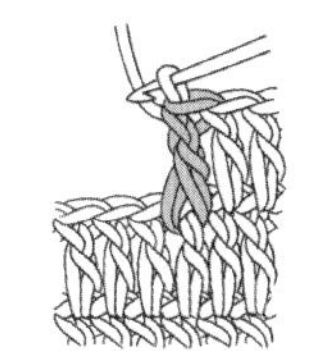

4 完成 1 针长针的正拉针。

长针的反拉针

※ 在往返编织时，看着背面钩织时，需钩织正拉针

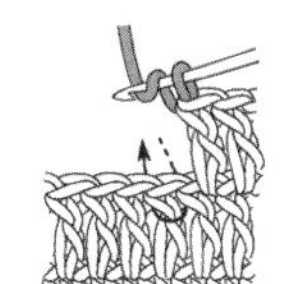

1 在针尖上挂线，在前一行的长针的根部，如箭头所示从后面入针。

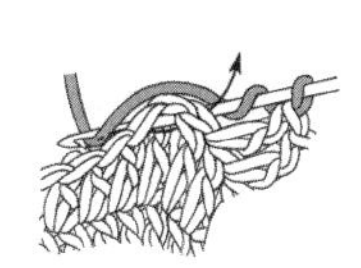

2 在针尖上挂线，如箭头所示，向织片的后面拉出。

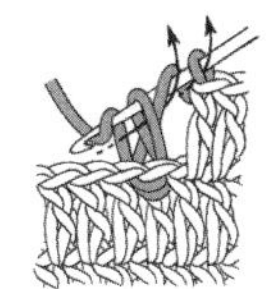

3 拉出较长的线，再次在针尖上挂线，引拔穿过 2 个线圈。再重复 1 次相同的动作。

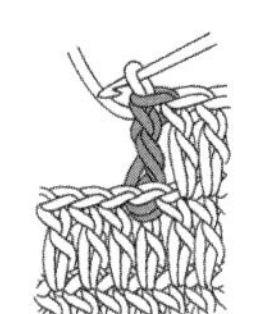

4 完成 1 针长针的反拉针。

短针的正拉针

※ 在往返编织时，看着背面钩织时，需钩织反拉针

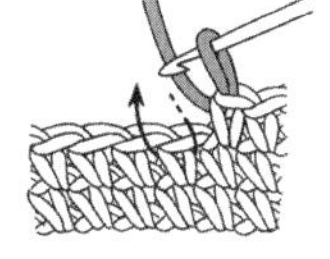

1 在前一行的短针的根部，如箭头所示入针。

2 在针尖上挂线，拉出比钩织短针长一些的线。

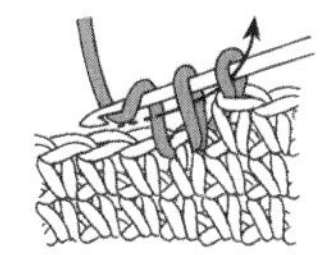

3 再次在针尖上挂线，一次性引拔穿过 2 个线圈。

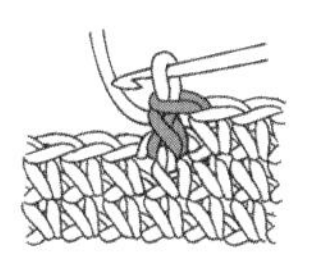

4 完成 1 针短针的正拉针。

短针的反拉针

※ 在往返编织时，看着背面钩织时，需钩织正拉针

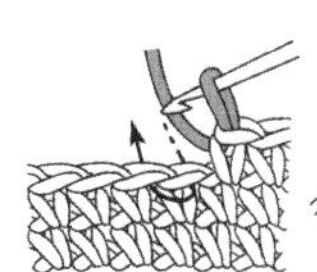

1 在前一行的短针的根部，如箭头所示从反面入针。

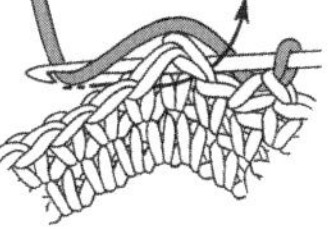

2 在针尖上挂线，如箭头所示，向织片的后面拉出。

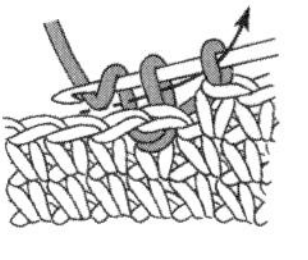

3 拉出比钩织短针长一些的线，再次在针尖上挂线，一次性引拔穿过 2 个线圈。

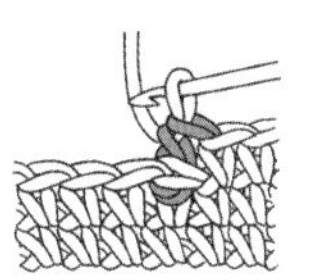

4 完成 1 针短针的反拉针。

5 针长针的爆米花针

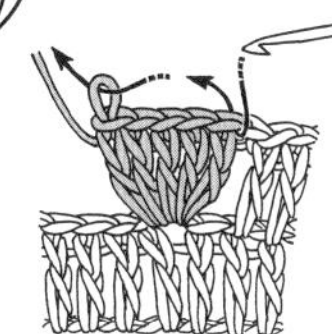

1 在前一行的同一针目中，钩入 5 针长针，将针暂时抽出，再如箭头所示重新插入。

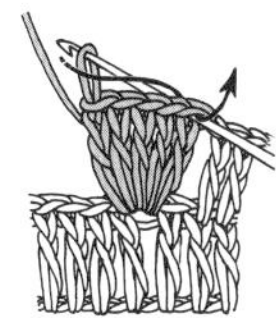

2 将针尖的针目如箭头所示引拔至前面。

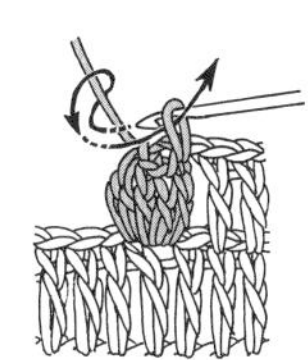

3 再钩织 1 针锁针，拉紧。

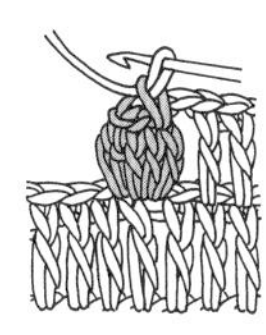

4 完成 5 针长针的爆米花针。

条纹花样的编织方法（环形编织时，在 1 行的最后换线的方法）

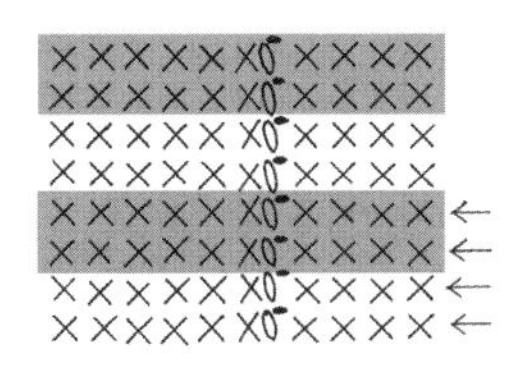

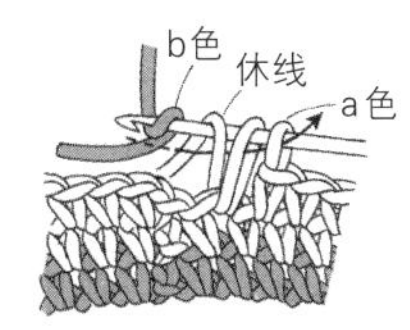

1 在完成 1 行的最后 1 针短针时，将休线（a 色线）从前面向后面挂在针上，用下 1 行的编织线（b 色线）完成引拔。

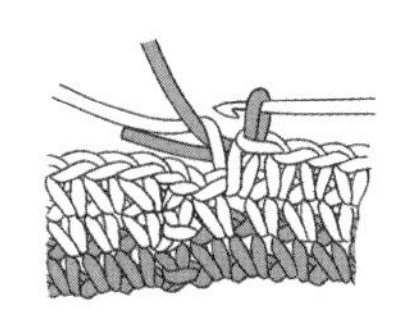

2 刚刚完成引拔的样子。a 色线在背面暂时停用，在第 1 针的短针的头部入针，用 b 色线完成引拔。

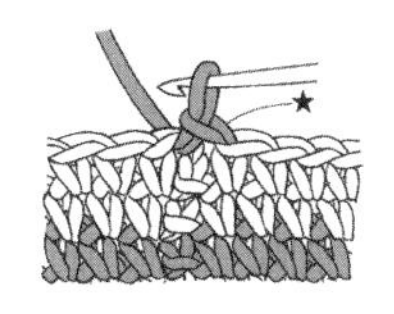

3 形成了环形的样子。

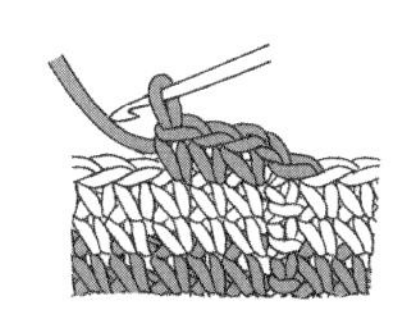

4 继续钩织 1 针立起的锁针，再开始钩织短针。

First original Japanese edition published by E&G CREATES Co., Ltd.
Chinese (in simplified character only) translation rights arranged with E&G CREATES Co., Ltd.
through CREEK & RIVER Co., Ltd. and CREEK & RIVER SHANGHAI Co., Ltd.

备案号：豫著许可备字－2023－A－0048

工作人员
图书设计　五十岚久美惠 pond inc.
摄影　小塚恭子（作品）、本间伸彦（制作过程、线材）
造型　绘内友美
作品设计　河合真弓、北尾蕾丝·联合会（冈野沙织、齐藤惠子、下村依公子、主代香织、铃木久美、铃木圣羽、高桥万百合、中岛美贵子、西胁美纱、波崎典子、深泽昌子、和田信子）、芹泽圭子、松本熏
编织方法解说、绘图　中村洋子
制作过程协助　河合真弓
编织方法校对　西村容子
企划、编辑　日本 E&G 创意（薮明子　上田佳澄）
摄影协助　AWABEES、UTUWA
材料提供
奥林巴斯制线株式会社、横田株式会社·DARUMA、DMC 株式会社

图书在版编目（CIP）数据

精致的钩针蕾丝台布：从入门到精通 / 日本E&G创意编著；刘晓冉译. —郑州：河南科学技术出版社，2023.11
ISBN 978-7-5725-1266-7

Ⅰ. ①精… Ⅱ. ①日… ②刘… Ⅲ. ①钩针－编织 Ⅳ. ①TS935.521

中国国家版本馆CIP数据核字（2023）第198827号

出版发行：河南科学技术出版社
地址：郑州市郑东新区祥盛街27号　邮编：450016
电话：（0371）65737028　65788613
网址：www.hnstp.cn
策划编辑：张　培
责任编辑：刘　瑞
责任校对：刘逸群
封面设计：张　伟
责任印制：张艳芳
印　　刷：北京盛通印刷股份有限公司
经　　销：全国新华书店
开　　本：889mm × 1 194mm　1/16　印张：5　字数：150千字
版　　次：2023年11月第1版　2023年11月第1次印刷
定　　价：49.00元